Inhaltsverzeichnis

W0361739

Lösungen zum Schülerband

1 Basiswissen 5

2 Quadratische Funktionen und Gleichungen
Normalparabel 6
Funktionen mit Gleichungen der Form $y = ax^2$ 7
Gestreckte und gestauchte Normalparabel 7
Brückenbögen 9
Anhalteweg 9
Funktionen mit Gleichungen der Form $y = ax^2 + c$ 10
Verschobene Parabeln 10
Bleib FIT! 12
Funktionen mit Gleichungen der Form $y = (x - e)^2 + f$ 12
Verschobene Normalparabeln 13
Bestimmung des Scheitelpunkts der Funktion mit der Gleichung $y = x^2 + bx + c$ 13
Quadratische Gleichungen 15
Zeichnerische Lösung quadratischer Gleichungen 15
Quadratische Gleichungen rechnerisch lösen 16
Rechnerische Lösung mit quadratischer Ergänzung 17
Lösungsformel 18
Vermischte Aufgaben 19
Anwendungen 20
Parabeln im Sport 21
Vermischte Aufgaben 21

3 Körper
Volumen von Prisma und Zylinder 22
Oberfläche von Prisma und Zylinder 22
Pyramiden zeichnen und bauen 23
Kegel zeichnen und bauen 23
Pythagorasanwendungen bei Kegel und Pyramide 23
Hinführung zu den Oberflächenformeln für Pyramide und Kegel 23
Oberfläche von Pyramide und Kegel 24
Cavalieri 25
Hinführung zur Volumenformel für Pyramide und Kegel 25
Volumen von Pyramide und Kegel 26
Die Cheops-Pyramide in Ägypten 27
Die Glaspyramide vor dem Louvre in Paris 27
Vermischte Aufgaben 28
Pyramidenstumpf und Kegelstumpf 28
Wissen – Anwenden – Vernetzen 29
Bleib FIT! 31
Hinführung zu Oberflächen- und Volumenformel der Kugel 31
Oberfläche und Volumen der Kugel 32
Zusammengesetzte und ausgehöhlte Körper 32
Vermischte Aufgaben 33
Wassertürme 34

4 Potenzen und Wurzeln
Potenzen 35
Potenzen mit negativen Exponenten 36
Standardschreibweise 37
Vermischte Aufgaben 38
Bleib FIT! 40
Multiplikation und Division von Potenzen 41
Potenzgesetze 41
n-te Wurzel 42
Potenzen mit gebrochenen Exponenten 43
Potenzfunktion 44
Wurzelfunktion 45
Vermischte Aufgaben 47
Atome und Moleküle 47
Wurzeln und Irrationalität 48

5 Trigonometrie
Winkel im Einheitskreis, Winkelfunktion Sinus (sin) 49
Kosinus (cos) und Tangens (tan) 49
Die Winkelfunktionen 50
Winkelfunktionen im rechtwinkligen Dreieck 51
Berechnungen mit der Sinusfunktion 51
Berechnungen mit der Kosinusfunktion 53
Berechnungen mit der Tangensfunktion 53
Steigungen in Prozent 54
Vermischte Aufgaben 55
Bleib FIT! 56
Wissen – Anwenden – Vernetzen 57
Berechnungen an Körpern 59
Überprüfung von Konstruktionsergebnissen durch Rechnung 59
Berechnungen in beliebigen Dreiecken 60
Entdeckungen in beliebigen Dreiecken 61
Sinussatz und Kosinussatz 62
Vermischte Aufgaben 63
Steigungswinkel einer Geraden 63
Weitere Zusammenhänge begründen 64
Flächenberechnung von Dreiecken mit Winkelfunktionen 64
Periodische Vorgänge 65
Bogenmaß und Parameter 66

6 Exponentielles Wachstum
Wachstum und Veränderung 69
Exponentielles Wachstum 71
Wachstumsrate – Wachstumsfaktor 72
Kapitalwachstum über mehrere Jahre 73
Regelmäßige Ein- und Auszahlungen 75
Altersvorsorge 75
Bleib FIT! 75
Lineares, quadratisches und exponentielles Wachstum 76
Weltbevölkerung 77
Exponentialfunktionen 79
Exponentialfunktion 79
Exponent gesucht 80

Logarithmus 80
Altersbestimmung mit der C14-Methode 82

7 Daten und Zufall
Grafische Darstellungen 83
Mittelwert, Median, Spannweite und Boxplot 84
Wissen – Anwenden – Vernetzen 87
Bleib FIT! 89
Mehrstufige Zufallsversuche 89
Kombinieren 92
Vermischte Aufgaben 93
Lotto „6 aus 49“ 95

Fit für die Abschlussprüfung? 96

1 Basiswissen

Das erste Kapitel ist zur selbstständigen Wiederholung in Einzel-, Partner- oder Gruppenarbeit konzipiert. Denkbar ist die Bearbeitung dieser Seiten zwischen Schuljahresbeginn und den Herbstferien, wobei die Lehrkraft angibt, welche Seiten in welcher Woche durchzuarbeiten sind.
Die Lösungen zu Kapitel 1 befinden sich im Anhang des Schülerbands.

2 Quadratische Funktionen und Gleichungen

37 Golfball:
- erreicht eine maximale Höhe von ungefähr 27 m;
- hat Höhe 20 m in etwa 33 m und in 100 m Entfernung vom Anschlag;
- fliegt etwa 130 m weit.

Wiesen: links Seitenlängen 6 m, 16 m; Umfang 44 m
rechts: Seitenlängen 8 m, 12 m; Umfang 40 m

Normalparabel

38 1. a)

x	–3,5	–3	–2,5	–2	–1,5	–1	–0,5	0	0,5	1	1,5	2	2,5	3	3,5
y	12,25	9	6,25	4	2,25	1	0,25	0	0,25	1	2,25	4	6,25	9	12,2

b) –

2. Funktion $y = x^2$; jedem x (aus der Definitionsmenge) wird ein y (aus der Wertemenge) zugeordnet nach der Rechenvorschrift $y = x^2$.
Für x sind hier alle reellen Zahlen zugelassen; die Definitionsmenge ist die Menge aller reellen Zahlen.
Als Funktionswerte kommen hier nur positive Zahlen und Null vor; die Wertemenge ist die Menge aller positiven reellen Zahlen mit der Null.

3. a) 1,44 b) 7,84 c) 5,76 d) 2,45 e) –2,24 f) 2,74

4. hier genaue Werte; beim Ablesen an der Normalparabel ergeben sich entsprechend gerundete Werte.
a) 2,56 b) 4,41 c) 0,36 d) 7,29 e) 0,81 f) 0,25 g) 1,21 h) 0,49

5. a) –3 und 3 b) –2,5 und 2,5 c) –3,22 und 3,22

6. a) 1,73 b) 2,21 c) 2,32 d) 2,92 e) 0,89 f) 1,22

7. a) –2,24; 2,24 b) –1,41; 1,41
c) –2,12; 2,12 d) –0,71; 0,71

8. auf der Normalparabel: b), c), f)
nicht auf der Normalparabel: a), d), e)

9. a) Für jedes x ist $x^2 = (-x)^2$; also liegt mit jedem Punkt $P(x|x^2)$ auch der Punkt $P'(-x|x^2)$ auf der Normalparabel. Diese beiden Punkte sind symmetrisch zur y-Achse. Da für alle Parabelpunkte der Spiegelpunkt (bzgl. der y-Achse) auch zur Parabel gehört, ist die Normalparabel insgesamt symmetrisch zur y-Achse.
b) Für alle $x \neq 0$ ist $x^2 > 0$; die zugehörigen Punkte $P(x|x^2)$ liegen also alle oberhalb der x-Achse. $P(0|0)$ ist der tiefste Punkt der Normalparabel zu $y = x^2$.

10. hier ohne Zeichnung: eine an der x-Achse gespiegelte Normalparabel; es entsteht eine nach unten geöffnete Parabel, der höchste Punkt ist $P(0|0)$.

Funktionen mit Gleichungen der Form $y = ax^2 + c$

39

1. A: Je größer der Faktor bei x^2 ist, desto enger ist die Öffnung der Parabel.
   B: Je kleiner der Faktor bei x^2 ist, desto weiter ist die Öffnung der Parabel.
   C: Durch das negative Vorzeichen vor x^2 wird die Funktion an der x-Achse gespiegelt, die Parabeln sind nach unten geöffnet.
   Ist der Faktor bei x^2 größer als –1, also $-1 < a < 0$, so ist die Öffnung der Parabel weiter als bei der Normalparabel (je kleiner $|a|$ ist, umso weiter ist die Parabel geöffnet).
   Ist der Faktor bei x^2 kleiner als –1, so ist die Öffnung der Parabel enger als bei der Normalparabel (je größer $|a|$ ist, umso enger ist die Öffnung der Parabel).

2. (1) $a > 1$ Die Parabel ist nach oben geöffnet und gestreckt, d. h. die Öffnung ist enger als bei der Normalparabel.
   (2) $0 < a < 1$ Die Parabel ist nach oben geöffnet und gestaucht, d. h. die Öffnung ist weiter als bei der Normalparabel.
   (3) $-1 < a < 0$ Die Parabel ist nach unten geöffnet und gestaucht, d. h. die Öffnung ist weiter als bei der Normalparabel.
   (4) $a < -1$ Die Parabel ist nach unten geöffnet und gestreckt, d. h. die Öffnung ist enger als bei der Normalparabel.

3. –

Gestreckte und gestauchte Normalparabel

40

1.

Funktion	Parabel			
	nach oben geöffnet	nach unten geöffnet	gestreckt (enger)	gestaucht (weiter)
$y = -2\,x^2$		X	X	
a) $y = 1{,}2x^2$	X		X	
b) $y = -7x^2$		X	X	
c) $y = -0{,}75x^2$		X		X
d) $y = -\frac{2}{5}x^2$		X		X
e) $y = -3{,}2x^2$		X	X	
f) $y = \frac{1}{7}x^2$	X			X

2. Die Parabel ist
   a) nach unten geöffnet und enger als die Normalparabel (gestreckt),
   b) nach oben geöffnet und weiter als die Normalparabel (gestaucht),
   c) nach oben geöffnet und enger als die Normalparabel (gestreckt),
   d) nach oben geöffnet und weiter als die Normalparabel (gestaucht),
   e) nach unten geöffnet und enger als die Normalparabel (gestreckt),
   f) nach unten geöffnet und weiter als die Normalparabel (gestaucht).

40

3.

x	–5	–4	–3	–2	–1	0	1	2	3	4	5
y	–12,5	–8	–4,5	–2	–0,5	0	–0,5	–2	–4,5	–8	–12,5

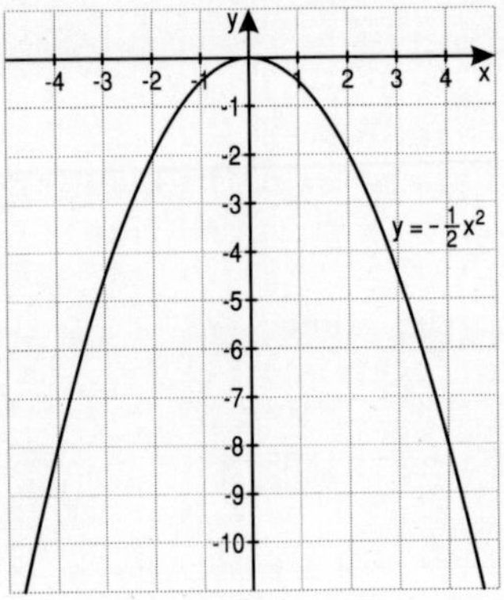

4. a)

x	–4	–3	–2	–1,5	–1	–0,5	0	0,5	1	1,5	2	3	4
$y = 0{,}8x^2$	12,8	7,2	3,2	1,8	0,8	0,2	0	0,2	0,8	1,8	3,2	7,2	12,8

x	–4	–3	–2	–1,5	–1	–0,5	0	0,5	1	1,5	2	3	4
$y = 1{,}2x^2$	19,2	10,8	4,8	2,7	1,2	0,3	0	0,3	1,2	2,7	4,8	10,8	19,2

b)

x	–3	–2	–1,5	–1	–0,5	–0,25	0	0,25	0,5	1	1,5	2	3
$y = -2x^2$ * (gerundet)	–18	–8	–4,5	–2	–0,5	–0,1 *	0	–0,1 *	–0,5	–2	–4,5	–8	–18

x	–3	–2	–1,5	–1	–0,5	–0,25	0	0,25	0,5	1	1,5	2	3
$y = -1{,}4x^2$ *(gerundet)	–12,6	–5,6	–3,2 *	–1,4	–0,4 *	–0,1 *	0	–0,1 *	–0,4 *	–1,4	–3,2 *	–5,6	–12,[illegible]

x	–3	–2	–1,5	–1	–0,5	–0,25	0	0,25	0,5	1	1,5	2	3
$y = -0{,}7x^2$ * (gerundet)	–6,3	–2,8	–1,6 *	–0,7	–0,2 *	0,04 *	0	–0,04 *	–0,2 *	–0,7	–1,6 *	–2,8	–6,[illegible]

zu a)

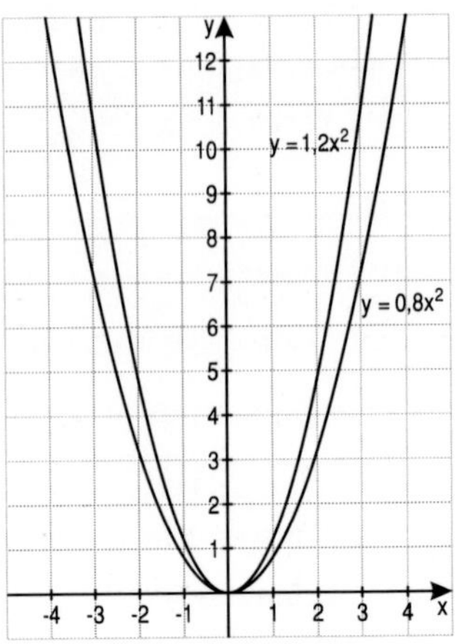

zu b)

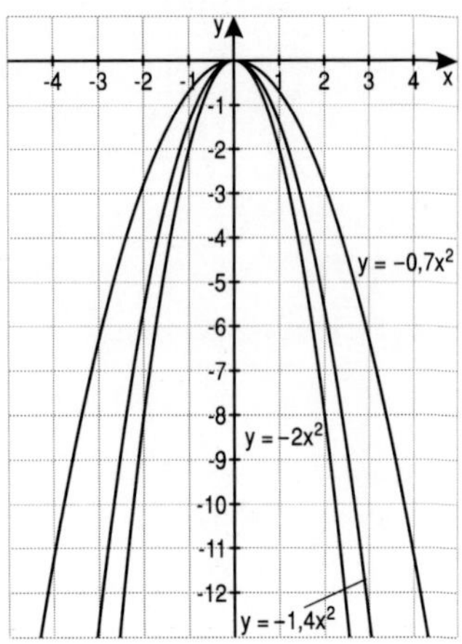

40

5. a) (1) $y = \frac{1}{4}x^2$ C (2) $y = \frac{1}{2}x^2$ H (3) $y = x^2$ O (4) $y = 2x^2$ R
   Lösungswort: Chor
   b) (1) $y = -\frac{1}{5}x^2$ B (2) $y = -0{,}5x^2$ A (3) $y = -x^2$ N (4) $y = -1{,}5x^2$ D
   Lösungswort: Band

Brückenbögen

41

1. a) Zu dem angezeigten Graph (rote Linie) gehört die Funktionsgleichung $y = -0{,}03x^2$.
   b) Angezeigt ist a = (+) 0,31. Die Funktionsgleichung aus a) lautet in allgemeiner Form $y = -0{,}1 \cdot a\,x^2$. (zusätzlicher Faktor 0,1, damit eine genauere Anpassung an die gegebene Form möglich ist. Beim Schieberegler sind Änderungen um 0,1 gut zu erreichen, um 0,01 aber nicht mehr.)
   Die Parabel ist jetzt noch zu eng, muss weiter geöffnet werden. D. h., $|-0{,}1a|$ muss kleiner werden, a muss „näher an 0“. Der Schieberegler für (das positive) a muss weiter nach links geschoben werden.

2. –

3. a) P(98 | –107)
   b) $-107 = a \cdot 98^2 = a \cdot 9\,604$; $a = 0{,}011$; Gleichung: $y = 0{,}011x^2$

4. a) y = 92 gehört zu $x = \frac{w}{2}$; also $92 = 0{,}001\left(\frac{w}{2}\right)^2$; Spannweite w = 606,63 m
   b) Ansatz: $y = ax^2$; aus $145 = a\left(\frac{1\,300}{2}\right)^2$ folgt a = 0,00034;
   Gleichung: $y = 0{,}00034x^2$

Anhalteweg

42

1. a) 10,3 m; 20,8 m; 31,3 m
   b) 10,3 m; 41 m; 93 m; 164,2 m
   c) 35,7 m; 70,7 m; 118 m; 175,4 m

2. a)

Geschwindigkeit $\left(\frac{km}{h}\right)$	Reaktionsweg (m)	Bremsweg (m)	Anhalteweg (m)
40	12	16	28
50	15	25	40
60	18	36	54
70	21	49	70
80	24	64	88
90	27	81	108
100	30	100	130
110	33	121	154
120	36	144	180
130	39	169	208
140	42	196	238
150	45	225	270
160	48	256	304
170	51	289	340
180	54	324	378

42 b)

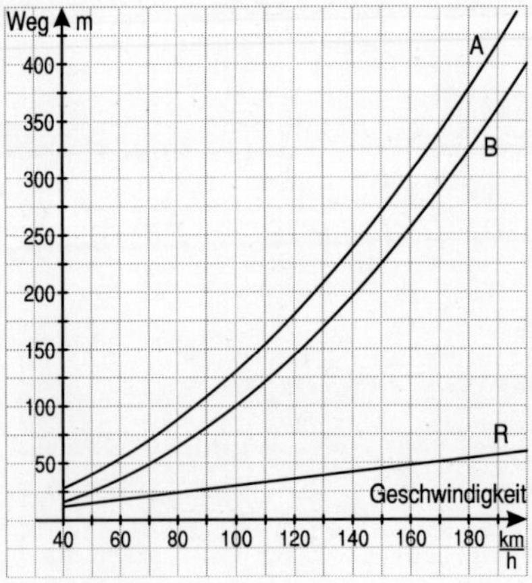

c) –

3. Reaktionszeit ca. 1 s

Funktionen mit Gleichungen der Form $y = ax^2 + c$

43 ①.

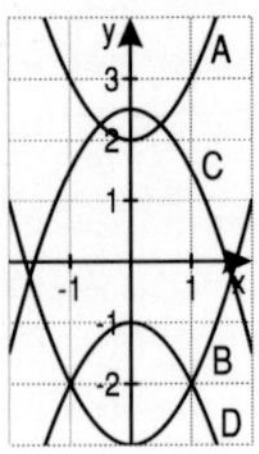

A $y = x^2 + 2$
B $y = x^2 - 3$
C $y = -x^2 + 2,5$
D $y = -x^2 - 1$

②.

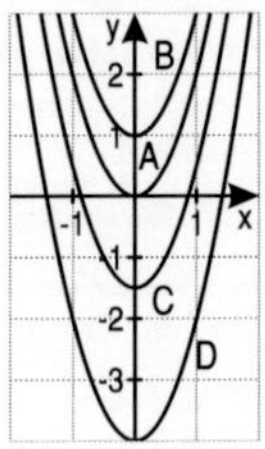

A $y = 2x^2$
B $y = 2x^2 + 1$
C $y = 2x^2 - 1,5$
D $y = 2x^2 - 4$

③.

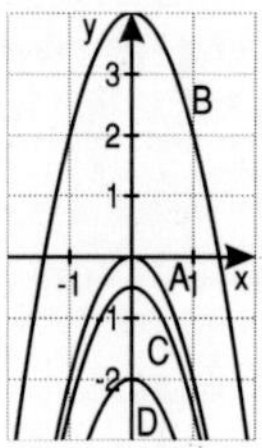

A $y = -2x^2$
B $y = -2x^2 + 4$
C $y = -2x^2 - 0,5$
D $y = -2x^2 - 2$

④.

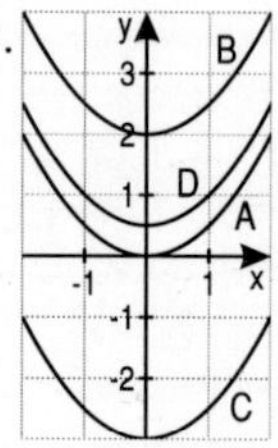

A $y = 0,5x^2$
B $y = 0,5x^2 + 2$
C $y = 0,5x^2 - 3$
D $y = 0,5x^2 + 0,5$

⑤.

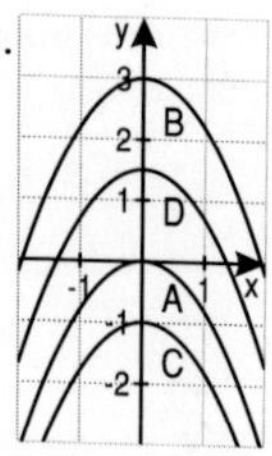

A $y = -0,8x^2$
B $y = -0,8\,x^2 + 3$
C $y = -0,8x^2 - 1$
D $y = -0,8x^2 + 1,5$

2. Normalparabel: $a = 1$ und $c = 0$
– Die Parabel verschiebt sich nach unten für alle $c < 0$ bzw. nach oben für $c > 0$
– Abhängig von a wird die Parabel gestreckt ($|a| > 1$) oder gestaucht ($|a| < 1$), sie ist nach oben ($a > 0$) bzw. nach unten ($a < 0$) geöffnet. Unabhängig davon wird die Parabel nach oben (bei $c > 0$) bzw. nach unten (für $c < 0$) verschoben.

3. –

Verschobene Parabeln

44 1. a) S(0|8); nach oben geöffnet, Normalparabel, um 8 Einheiten nach oben verschoben
b) S(0|–4); nach unten geöffnet, enger als Normalparabel (gestreckt), um 4 Einheiten nach unten verschoben
c) S(0|–9,5); nach oben geöffnet, enger als Normalparabel (gestreckt), um 9,5 Einheiten nach unten verschoben

44 d) S(0|9); nach oben geöffnet, weiter als Normalparabel (gestaucht), um 9 Einheiten nach oben verschoben

e) S(0|–4); nach unten geöffnet, weiter als Normalparabel (gestaucht), um 4 Einheiten nach unten verschoben

f) S(0|1); nach oben geöffnet, weiter als Normalparabel (gestaucht), um 1 Einheit nach oben verschoben

g) S(0|2,8); nach oben geöffnet, Normalparabel, um 2,8 Einheiten nach oben verschoben

h) S(0|–5); nach unten geöffnet, enger als Normalparabel (gestreckt), um 5 Einheiten nach unten verschoben

i) S(0|–10); nach oben geöffnet, enger als Normalparabel (gestreckt), um 10 Einheiten nach unten verschoben

j) S(0|2); nach unten geöffnet, weiter als Normalparabel (gestaucht), um 2 Einheiten nach oben geöffnet

2. a) nach oben geöffnet ($a > 0$), nach unten verschoben ($c < 0$): $y = x^2 - 2$
   b) $y = -2x^2 + 1$
   c) $y = -0{,}5x^2$
   d) $y = 2x^2 + 4$

3. a) An den Nullstellen (Schnittpunkte mit x-Achse) ist der Funktionswert (die y-Koordinate) Null.
   b) Tim zeichnet Punkte in ein Koordinatensystem ein, er wird diese Punkte zu einer Parabel verbinden und dann die x-Koordinaten der Nullstellen der Funktion ablesen (grafische Lösung).
   Lisa setzt in die Funktionsgleichung $y = 2x^2 - 4{,}5$ den gewünschten Wert $y = 0$ ein und löst die Gleichung.
   Für $y = 2x^2 - 4{,}5$ sieht das wie folgt aus:
   $0 = 2x^2 - 4{,}5 \quad | +4{,}5$
   $4{,}5 = 2x^2 \quad | :2$
   $2{,}25 = x^2 \quad | \sqrt{}$
   $x_1 = 1{,}5$; $x_2 = -1{,}5$

4. a) $P_1\,(-2|0)$; $P_2\,(2|0)$
   b) $P_1\,(-3|0)$; $P_2\,(3|0)$
   c) $P_1\,(\sqrt{2}\,|\,0)$; $P_2\,(-\sqrt{2}\,|\,0)$

5. a) $x_1 = 10$; $x_2 = -10$ b) $x_1 = 8$; $x_2 = -8$ c) $x_1 = 3$; $x_2 = -3$ d) $x_1 = 5$; $x_2 = -5$
   e) $x_1 = 3$; $x_2 = -3$ f) $x_1 = 7$; $x_2 = -7$ g) $x_1 = 6$; $x_2 = -6$ h) $x_1 = 1$; $x_2 = -1$
   i) $x_1 = 2$; $x_2 = -2$ j) $x_1 = 6$; $x_2 = -6$
   k) $x_1 = 15$; $x_2 = -15$ (Fehler in 1. Druck, richtig: $0 = x^2 - \sqrt{225}$)
   l) $x_1 = 3$; $x_2 = -3$ m) $x_1 = 9$; $x_2 = -9$ n) $x_1 = 5$; $x_2 = -5$ o) $x_1 = 4$; $x_2 = -4$

6. a) Gleichung: $6 \cdot a^2 = 294 \quad | :6$
   $a^2 = 49$
   $a = 7$ cm
   b) Die zweite, negative Lösung der quadratischen Gleichung macht hier keinen Sinn (da es keine negativen Kantenlängen gibt.)

Bleib FIT!

45 1. a) 500 m S b) 36 cm K c) 900 g A d) 27 min T

2. a) 91 min S b) 120 $\frac{km}{h}$ C

3. a) V = 980,6 cm^3 H; M = 384,5 cm^2 A b) r = 3,6 cm C

4. a) 56 Liter H b) 800 km P c) 12,5 % O

5. a) 75 cm K b) 3 750 l E

6. a) 3,5 R b) 1,75 M c) 1,6 Ü d) 3,3 H

7. a) 40-mal L b) 160-mal E

Lösung: Skat, Schach, Poker, Mühle

Funktionen mit Gleichungen der Form y = (x – e)² + f

46 ①.

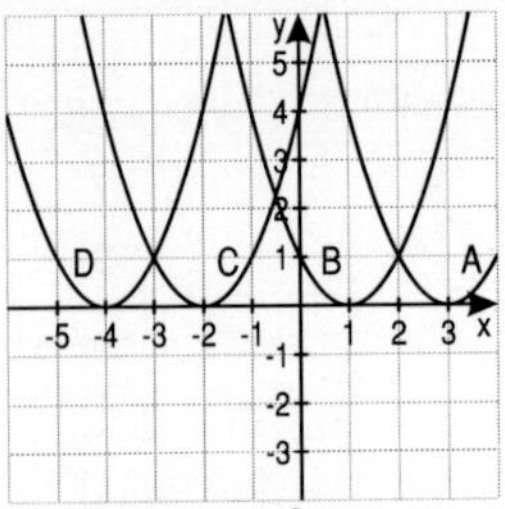

A $y = (x-3)^2$
B $y = (x-1)^2$
C $y = (x+2)^2$
D $y = (x+4)^2$

②.

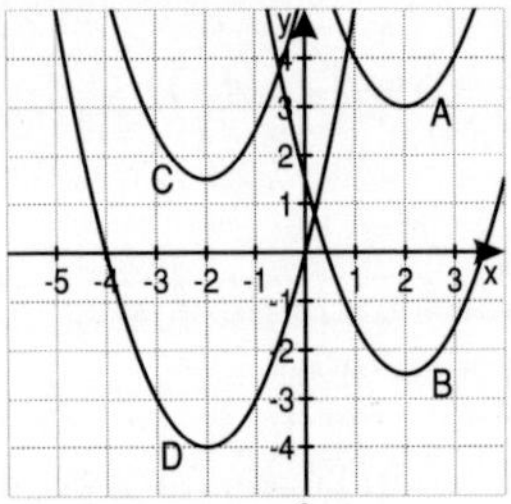

A $y = (x-2)^2 + 3$
B $y = (x-2)^2 - 2{,}5$
C $y = (x+2)^2 + 1{,}5$
D $y = (x+2)^2 - 4$

③.

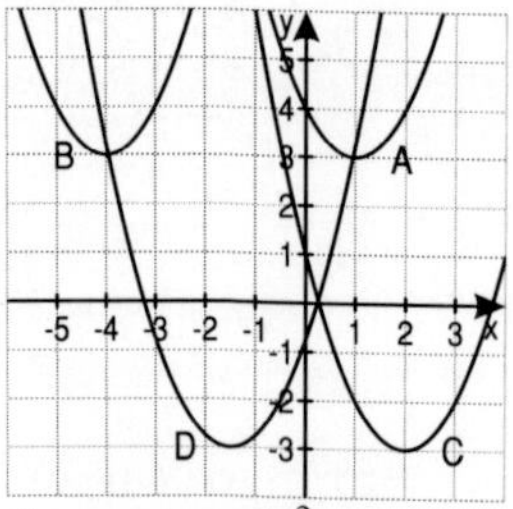

A $y = (x-1)^2 + 3$
B $y = (x+4)^2 + 3$
C $y = (x-2)^2 - 3$
D $y = (x+1{,}5)^2 - 3$

a) (1) Alle Parabeln sind nach oben geöffnet und nach links oder rechts verschobene Normalparabeln.

(2), (3) Die Parabeln sind nach oben geöffnet. Hat e ein negatives Vorzeichen, so befindet sich der Scheitelpunkt rechts von der y-Achse, und umgekehrt. Für f > 0 ist die Parabel nach oben verschoben, für f < 0 ist die Parabel nach unten verschoben.

b) (1) $y = (x-3)^2$: S(3|0); $y = (x-1)^2$: S(1|0);
$y = (x+2)^2$: S(–2|0); $y = (x+4)^2$: S(–4|0)

(2) $y = (x-2)^2 + 3$: S(2|3); $y = (x-2)^2 - 2{,}5$: S(2|–2,5);
$y = (x+2)^2 + 1{,}5$: S(–2|1,5); $y = (x+2)^2 - 4$: S(–2|–4)

(3) $y = (x-1)^2 + 3$: S(1|3); $y = (x+4)^2 + 3$: S(–4|3);
$y = (x-2)^2 - 3$: S(2|–3); $y = (x+1{,}5)^2 - 3$: S(–1,5|–3);

Die x-Koordinate des Scheitelpunkts ist –e, die y-Koordinate hat den Wert „f".
Allgemein: S(–e|f)

2. – es erscheint die „ausmultiplizierte" Funktionsgleichung
$y = x^2 - 4x + 7$ (= $(x-2)^2 + 3$)

– e variabel, f fest: Die Parabel bewegt sich parallel zur x-Achse (nach rechts bzw. links). Für e > 0 liegt der Scheitelpunkt S links der y-Achse ($x_S < 0$), für e < 0 liegt S rechts der y-Achse ($x_S > 0$).
e fest, f variabel: Die Parabel bewegt sich parallel zur y-Achse (nach oben bzw. unten). Für f > 0 liegt der Scheitelpunkt S oberhalb der x-Achse ($y_S > 0$), für f < 0 liegt S unterhalb der x-Achse ($y_S < 0$).

46 – Der Scheitelpunkt der Funktion zur Gleichung $y = (x - e)^2 + f$ hat die Koordinaten $x_S = -e$ und $y_S = f$; $S(-e|f)$

3. –

Verschobene Normalparabeln

47 1. a) $y = (x + 3)^2 + 2$ b) $y = (x - 3)^2 + 2{,}5$ c) $y = (x - 4{,}5)^2 - 2$
d) $y = (x + 7)^2 - 8$ e) $y = (x + 9{,}5)^2 + 2{,}8$ f) $y = (x - 3{,}3)^2 + 9{,}4$

2.

Parabel	(1)	(2)	(3)	(4)	(5)
Scheitelpunkt	$(-3{,}5 \mid 0)$	$(-1{,}5 \mid -2{,}5)$	$(0 \mid -4)$	$(0{,}5 \mid 0{,}5)$	$(3 \mid -2)$
Funktionsgleichung	$y = (x + 3{,}5)^2$	$y = (x + 1{,}5)^2 - 2{,}5$	$y = x^2 - 4$	$y = (x - 0{,}5)^2 + 0{,}5$	$y = (x - 3)^2 - 2$
Lösung	K	R	I	M	I

3. a) $y = (x + 1)^2 + 2$ b) $y = (x + 3)^2 - 4$ c) $y = (x - 1)^2 - 8$ d) $y = (x + 2)^2$

4. –

5. a)

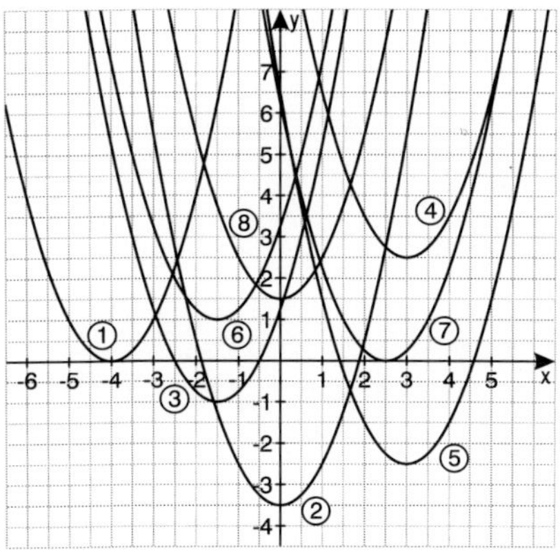

① $y = (x + 4)^2$
② $y = x^2 - 3{,}5$
③ $y = (x + 1{,}5)^2 - 1$
④ $y = (x - 3)^2 + 2{,}5$
⑤ $y = (x - 3)^2 - 2{,}5$
⑥ $y = (x + 1{,}5)^2 + 1$
⑦ $y = (x - 2{,}5)^2$
⑧ $y = x^2 + 1{,}5$

b) keine Nullstelle: (4), (6), (8)
eine Nullstelle: (1), (7)
zwei verschiedene Nullstellen: (2), (3), (5)

Liegt der Scheitelpunkt bei einer nach oben geöffneten Parabel oberhalb der x-Achse ($f > 0$), so gibt es keine Nullstelle. Liegt er auf der x-Achse ($f = 0$), gibt es eine Nullstelle. Liegt er unterhalb der x-Achse ($f < 0$), gibt es zwei verschiedene Nullstellen.

c) ⑨ $y = (x + 7)^2$: $S(-7 \mid 0)$, 1 Nullstelle;
⑩ $y = (x - 5)^2 + 1$: $S(5 \mid 1)$, keine Nullstelle;
⑪ $y = x^2 - 9$: $S(0 \mid -9)$, 2 Nullstellen;
⑫ $y = (x + 7{,}5)^2 - 0{,}8$: $S(-7{,}5 \mid -0{,}8)$, 2 Nullstellen

Bestimmung des Scheitelpunktes der Funktion mit der Gleichung $y = x^2 + bx + c$

48 1. a) Mädchen: $b^2 + c = 12$
$6{,}25 + c = 12$
$c = 5{,}75$
$y = (x + 2{,}5)^2 + 5{,}75$

Junge: $y = (x + \frac{5}{2})^2 + 5\frac{3}{4}$
$= (x + 2{,}5)^2 + 5{,}75$

b) Bei der quadratischen Ergänzung wird b^2 ergänzt und wieder abgezogen.

48

2. a) $x^2 + 8x + 16 = (x + 4)^2$ b) $x^2 - 6x + 9 = (x - 3)^2$
c) $x^2 + 3x + 2{,}25 = (x + 1{,}5)^2$ d) $x^2 + x + 0{,}25 = (x + 0{,}5)^2$
e) $x^2 - 5x + 6{,}25 = (x - 2{,}5)^2$ f) $x^2 - x + 0{,}25 = (x - 0{,}5)^2$

3.	Scheitelpunktform	Scheitelpunkt	Nullstellen
a)	$y = (x + 1)^2 + 2$	(–1 | 2)	keine
b)	$y = (x - 2)^2 - 2$	(2 | –2)	$x_1 = 3{,}4$; $x_2 = 0{,}6$
c)	$y = (x + 1)^2 - 3$	(–1 | –3)	$x_1 = -2{,}7$; $x_2 = 0{,}7$
d)	$y = (x - 4)^2 - 21$	(4 | –21)	$x_1 = 8{,}6$; $x_2 = -0{,}6$
e)	$y = (x - 4)^2 - 14$	(4 | –14)	$x_1 = 7{,}7$; $x_2 = 0{,}3$
f)	$y = (x + 3)^2 - 13$	(–3 | –13)	$x_1 = -6{,}6$; $x_2 = 0{,}6$
g)	$y = (x - 1)^2 + 3$	(1 | 3)	keine
h)	$y = (x + 4)^2 - 6$	(–4 | –6)	$x_1 = -6{,}4$; $x_2 = -1{,}6$
i)	$y = (x + 1{,}5)^2 - 4{,}25$	(–1,5 | –4,25)	$x_1 = -3{,}6$; $x_2 = 0{,}6$
j)	$y = (x - 1{,}5)^2 + 1{,}75$	(1,5 | 1,75)	keine
k)	$y = (x - 2{,}5)^2 - 4{,}25$	(2,5 | –4,25)	$x_1 = 4{,}6$; $x_2 = 0{,}4$
l)	$y = (x + 3{,}5)^2 - 15{,}25$	(–3,5 | –15,25)	$x_1 = -7{,}4$; $x_2 = 0{,}4$

4. a) $x^2 + 0{,}4x + 0{,}04 = (x + 0{,}2)^2$ b) $x^2 - 1{,}2x + 0{,}36 = (x - 0{,}6)^2$

c) $x^2 + 0{,}6x + 0{,}09 = (x + 0{,}3)^2$ d) $x^2 - \frac{2}{3}x + \frac{1}{9} = \left(x - \frac{1}{3}\right)^2$

e) $x^2 + \frac{6}{7}x + \frac{9}{49} = \left(x + \frac{3}{7}\right)^2$ f) $x^2 + \frac{3}{4}x + \frac{9}{64} = \left(x + \frac{3}{8}\right)^2$

5.	Scheitelpunktform	Scheitelpunkt	Nullstellen
a)	$y = (x + 0{,}2)^2 + 0{,}96$	(–0,2 | 0,96)	keine
b)	$y = (x + 0{,}3)^2 - 2{,}09$	(–0,3 | –2,09)	$x_1 = -1{,}7$; $x_2 = 1{,}1$
c)	$y = (x - 0{,}7)^2 - 2{,}49$	(0,7 | –2,49)	$x_1 = 2{,}3$; $x_2 = -0{,}9$
d)	$y = (x - 0{,}4)^2 - 3{,}16$	(0,4 | –3,16)	$x_1 = 2{,}2$; $x_2 = -1{,}4$
e)	$y = (x + 0{,}8)^2 + 3{,}36$	(–0,8 | 3,36)	keine
f)	$y = (x - 0{,}2)^2 - 3{,}04$	(0,2 | –3,04)	$x_1 = 1{,}9$; $x_2 = -1{,}5$
g)	$y = (x + 1{,}6)^2 - 1{,}56$	(–1,6 | –1,56)	$x_1 = -2{,}8$; $x_2 = -0{,}4$
h)	$y = (x - 1{,}4)^2 + 3{,}04$	(1,4 | 3,04)	keine

6. a) $y = \left(x - \frac{1}{3}\right)^2 + \frac{8}{9}$ $S\left(\frac{1}{3} \mid \frac{8}{9}\right)$ b) $y = \left(x - \frac{1}{4}\right)^2 - 4\frac{1}{16}$ $S\left(\frac{1}{4} \mid -4\frac{1}{16}\right)$

c) $y = \left(x - \frac{2}{7}\right)^2 - 2\frac{4}{49}$ $S\left(\frac{2}{7} \mid -2\frac{4}{49}\right)$ d) $y = \left(x + \frac{2}{5}\right)^2 + 2\frac{21}{25}$ $S\left(-\frac{2}{5} \mid 2\frac{21}{25}\right)$

e) $y = \left(x + \frac{3}{7}\right)^2 + \frac{11}{49}$ $S\left(-\frac{3}{7} \mid \frac{11}{49}\right)$ f) $y = \left(x - \frac{2}{5}\right)^2 + \frac{9}{25}$ $S\left(\frac{2}{5} \mid \frac{9}{25}\right)$

g) $y = \left(x + \frac{1}{6}\right)^2 + \frac{35}{36}$ $S\left(-\frac{1}{6} \mid \frac{35}{36}\right)$ h) $y = \left(x + \frac{1}{3}\right)^2 - \frac{2}{3}$ $S\left(-\frac{1}{3} \mid -\frac{2}{3}\right)$

Quadratische Gleichungen

49

1.

	Normalform	p =	q =
a)	$x^2 - \frac{2}{3}x - \frac{8}{3} = 0$	$-\frac{2}{3}$	$-\frac{8}{3}$
b)	$x^2 - \frac{8}{3}x + 1 = 0$	$-\frac{8}{3}$	1
c)	keine quadratische Gleichung $-3x - 2 = 0$		
d)	$x^2 - 6x + 15 = 0$	-6	15
e)	$x^2 + 3x - 5\frac{1}{4} = 0$	3	$-5\frac{1}{4}$
f)	keine quadratische Gleichung $12x + 1 = 0$		

2. Bei allen dreien ist nach den Umformungen die gesuchte Variable x wieder auf beiden Seiten der Gleichung.

3. Lösungen sind:
a) $x = 2$ b) $x = -4$ c) keine der gegebenen Zahlen d) $x = 2$
e) $x = -2$; $x = 3$ f) $x = -2$ g) keine der gegebenen Zahlen h) $x = 3$

4. a) $x = 0$; $x = -8$ b) $x = 0$; $x = -5$ c) $x = 6$; $x = -4$ d) $x = 6$; $x = -8$
e) $x = 4$; $x = 1$ f) $x = 5$; $x = 2$ g) $x = 5$; $x = -7$ h) $x = -2$; $x = -9$

5.

	Gleichung	Lösungen
a)	$x^2 - 8x + 15 = 0$	$x = 5$; $x = 3$
b)	$x^2 - 5x + 6 = 0$	$x = 3$; $x = 2$
c)	$x^2 + 6x - 40 = 0$	$x = 4$; $x = -10$

6. Der Junge links im Bild kommt nicht weiter, da er auf jeder Seite x hat. Die Idee des Mädchens in der Mitte ist zwar gut, aber sehr zeitaufwändig. Thorsten und Marie haben die beste Idee, allerdings lassen sich die Nullstellen nur bei ganzzahligen Lösungen einfach ablesen.

7. $0 = x^2 - 4x - 12$ $x = -2$; $x = 6$

Zeichnerische Lösung quadratischer Gleichungen

50

1. a) -3; 1 b) 1; 3 c) -2; -6 d) -2; 4

2.

	Scheitelpunktform	Lösungen
a)	$y = (x - 1)^2 - 4$	3; -1
b)	$y = (x + 1)^2$	-1
c)	$y = (x + 3)^2 - 4$	-5; -1
d)	$y = (x + 4)^2 - 1$	-5; -3
e)	$y = (x + 2)^2 - 1$	-3; -1
f)	$y = (x + 2)^2 - 16$	-6; 2
g)	$y = (x + 4)^2 - 9$	-7; -1
h)	$y = (x - 1)^2 - 36$	7; -5

50 3. a) 1,5; 2,5 b) –2,5; 0,5 c) –2; 3 d) –2; –3
e) –1; 2 f) 1; 4 g) 0,5; 1,5 h) –2,5; –1,5

4. a) Tim sucht Zahlen, für die gilt, dass sie, mit sich selbst malgenommen, genauso groß sind, als wenn man 2 zu ihnen addiert. Dazu zeichnet er die Graphen zu den Funktionen $y = x^2$ und $y = x + 2$ und ermittelt die Schnittpunkte.
b) $x = -1$; $x = 2$

5. a) –5; –1 b) –2; 4 c) keine Lösung d) –2,5; 0,5

6. a) $x^2 + 2x = 8$; –4; 2 b) $x^2 - 2x = 24$; 6; –4
c) $x^2 + 10x = -21$; –7; –3 d) $x^2 - 3x = 4$; 4; –1

7.

	Scheitelpunktform	Lösungen
a)	$y = (x - 5)^2 - 400$	25; –15
b)	$y = (x - 7)^2 - 1$	8; 6
c)	$y = (x - 8)^2 - 1$	9; 7
d)	$y = (x - 6)^2 - 196$	20; –8

8. z. B.:
a) $(x + 1)^2 - 4 = 0$ b) $(x - 3)^2 - 4 = 0$ c) $x^2 - 3x = 0$
d) $(x + 0,5)^2 - 2,25 = 0$ e) $(x - 1)^2 = 0$ f) $x^2 + 5 = 0$

Quadratische Gleichungen rechnerisch lösen

Die Lösungsformel für quadratische Gleichungen wird behutsam angegangen. Zunächst wird anhand von Sonderfällen (reinquadratisch bzw. fehlendes absolutes Glied) der klassische Algorithmus beim Lösen von Gleichungen (Isolieren der Variablen auf einer Seite durch Gleichungsumformungen) abgelöst. Dieses Verfahren scheitert bei quadratischen Gleichungen; hier ist es erfolgreich, eine Gleichungsseite auf 0 zu stellen und die andere Gleichungsseite in Linearfaktoren zu zerlegen. Dann muss nur untersucht werden, für welche Einsetzungen einer der Faktoren den Wert 0 annimmt. Für die genannten Sonderfälle gelingt die Faktorisierung durch Ausklammern bzw. Anwenden der 3. binomischen Formel.

Bei der rechnerischen Lösung beliebiger quadratischer Gleichungen mit quadratischer Ergänzung wird dieser Weg systematisiert. Die Lösungsformel sollte erst in Angriff genommen werden, wenn das geschilderte Verfahren über die quadratische Ergänzung sicher beherrscht wird. Die Herleitung ist algebraisch so aufwändig, dass nicht jede Schülerin und jeder Schüler später in der Lage sein wird, sie selbstständig zu reproduzieren.

51 1. a) Lösungen Tafelbild: 1) $x_1 = 0$; $x_2 = -7$ 2) $x_1 \approx -3,83$; $x_2 \approx 1,835$
3) $x_1 = 4$; $x_2 = -4$ 4) $x_1 = 7$; $x_2 = -7$
5) keine Nullstellen 6) $x_1 = 0$; $x_2 = -17$
7) $x_1 = 0,2$; $x_2 = -0,2$ 8) $x_1 = 3$; $x_2 = 0$

b) –

2. Rina: Umformen mit 3. binomischer Formel; Produkt ist 0, wenn einer der Faktoren 0 ist.
Jan: nach x^2 auflösen; Wurzel ziehen. Achtung: es gibt immer 2 Lösungen.
$x_1 = +\sqrt{25}$; $x_2 = -\sqrt{25}$

51 3. a) $x_1 = 8; x_2 = -8$ b) $x_1 = 15; x_2 = -15$ c) $x_1 = 1{,}5; x_2 = -1{,}5$
d) $x_1 = 1{,}2; x_2 = -1{,}2$ e) $x_1 = 12; x_2 = -12$ f) $x_1 = 0{,}7; x_2 = -0{,}7$

4. a) $x_1 = 7; x_2 = -7$ b) $x_1 = 4; x_2 = -4$ c) $x_1 = 2; x_2 = -2$
d) $x_1 = 15; x_2 = -15$ e) $x_1 = 6; x_2 = -6$ f) $x_1 = 25; x_2 = -25$

5. a) $x_1 = 3; x_2 = -3$ d) $x_1 = 0{,}8; x_2 = -0{,}8$
e) $x_1 = 14; x_2 = -14$ f) $x_1 = 17; x_2 = -17$
b), c), g), h) haben keine Lösung. Für jede Zahl x gilt $x^2 > 0$; eine Gleichung der Form $x^2 = -a$ (<0) hat somit keine Lösung.

6. a) $x_1 = 2{,}6; x_2 = -2{,}6$ b) $x_1 = 2{,}8; x_2 = -2{,}8$ c) $x_1 = 2{,}8; x_2 = -2{,}8$
d) $x_1 = 3{,}9; x_2 = -3{,}9$ e) $x_1 = 2{,}4; x_2 = -2{,}4$ f) $x_1 = 3{,}2; x_2 = -3{,}2$

7. a) $x_1 = 0; x_2 = -2$ b) $x_1 = 4; x_2 = 0$ c) $x_1 = 0; x_2 = -5$ d) $x_1 = 0; x_2 = -7$
e) $x_1 = 3; x_2 = 0$ e) $x_1 = 0; x_2 = -6$ g) $x_1 = 5; x_2 = 0$ h) $x_1 = 0; x_2 = -9$

8. a) $x_1 = 0; x_2 = -9$ b) $x_1 = 0; x_2 = -5$ c) $x_1 = 3; x_2 = 0$
d) $x_1 = 6; x_2 = 0$ f) $x_1 = 0; x_2 = -5$ f) $x_1 = 0; x_2 = -7$

9. a) $x_1 = 20; x_2 = 0$ b) $x_1 = 10; x_2 = 0$ c) $x_1 = 6; x_2 = 0$ d) $x_1 = 18; x_2 = 0$
e) $x_1 = 0{,}5; x_2 = 0$ f) $x_1 = 10; x_2 = 0$ g) $x_1 = 3; x_2 = -3$ h) $x_1 = 0{,}09; x_2 = 0$

10. a) Gleichung: $5x^2 = 245$; $x_1 = 7; x_2 = -7$ b) Gleichung: $2x^2 = 162$; $x_1 = 9; x_2 = -9$
c) Gleichung: $\frac{1}{2}x^2 + 4 = 36$; $x_1 = 8; x_2 = -8$

Rechnerische Lösung mit quadratischer Ergänzung

52 1. $(x + 3)^2 - 16 = 0$
$(x + 3 + 4) \cdot (x + 3 - 4) = 0$
$(x + 7) \cdot (x - 1) = 0$; $x_1 = -7; x_2 = 1$

2. a) $x_1 = 3; x_2 = -9$ b) $x_1 = 4; x_2 = 2$ c) $x_1 = -1; x_2 = -5$
d) $x_1 = 6; x_2 = -2$ e) $x_1 = 9; x_2 = 7$ f) $x_1 = -1; x_2 = -9$
g) $x_1 = 6; x_2 = -4$ h) $x_1 = 7; x_2 = -5$ i) $x_1 = 6; x_2 = -2$
j) $x_1 = -9; x_2 = -7$ k) $x = 4$ (nur eine Lösung) l) $x_1 = 4; x_2 = -6$

3. a) $x_1 = 4; x_2 = 1$ b) $x_1 = 1; x_2 = -4$ c) $x_1 = 1; x_2 = -2$

4. a) $x = -3$ b) $x_1 = -1; x_2 = -3$ c) keine Lösung
d) $x_1 = 3; x_2 = -8$ e) keine Lösung f) $x_1 = 7; x_2 = 2$

5. $(x - 4 + \sqrt{5}) \cdot (x - 4 - \sqrt{5})$
$x_1 = 4 - \sqrt{5} \approx 1{,}76$; $x_2 = 4 + \sqrt{5} \approx 6{,}24$

6. a) $x_1 = -1{,}5 + \sqrt{4{,}25} = 0{,}56$; $x_2 = -1{,}5 - \sqrt{4{,}25} = -3{,}56$
b) $x_1 = -4 + \sqrt{21} = 0{,}58$; $x_2 = -4 - \sqrt{21} = -8{,}58$
c) $x_1 = 5; x_2 = 1$
d) $x_1 = -2{,}5 + \sqrt{13{,}25} = 1{,}14$; $x_2 = -2{,}5 - \sqrt{13{,}25} = -6{,}14$
e) $x_1 = -3{,}5 + \sqrt{4{,}25} = -1{,}44$; $x_2 = -3{,}5 - \sqrt{4{,}25} = -5{,}56$
f) $x_1 = -1{,}5 + \sqrt{3{,}25} = 0{,}30$; $x_2 = -1{,}5 - \sqrt{3{,}25} = -3{,}30$

52

7. a) $x_1 = -0{,}5 + \sqrt{7{,}25} = 2{,}2$; $x_2 = -0{,}5 - \sqrt{7{,}25} = -3{,}2$
   b) $x_1 = 4$; $x_2 = -5$
   c) $x_1 = -2 + \sqrt{76} = 6{,}7$; $x_2 = -2 - \sqrt{76} = -10{,}7$
   d) $x_1 = -3 + \sqrt{65} = 5{,}1$; $x_2 = -3 - \sqrt{65} = -11{,}1$
   e) $x_1 = 9$; $x_2 = 3$
   f) $x_1 = 5$; $x_2 = 1$

Lösungsformel

53

1. a) mit konkreten Zahlen:

$$\left(x + \tfrac{5}{2}\right)^2 - \tfrac{1}{4} = 0$$

$$\left(x + \tfrac{5}{2}\right)^2 - \left(\tfrac{1}{2}\right)^2 = 0$$

$$(x + 2) \cdot (x + 3) = 0$$

$$x_1 = -2; \quad x_2 = -3$$

mit p und q

$$\left(x + \tfrac{p}{2}\right)^2 - \left[\left(\tfrac{p}{2}\right)^2 - q\right] = 0$$

$$\left(x + \tfrac{p}{2}\right)^2 - \left(\sqrt{\left(\tfrac{p}{2}\right)^2 - q}\right)^2 = 0$$

$$\left(x + \tfrac{p}{2} - \sqrt{\left(\tfrac{p}{2}\right)^2 - q}\right) \cdot \left(x + \tfrac{p}{2} + \sqrt{\left(\tfrac{p}{2}\right)^2 - q}\right) = 0$$

$$x_1 = -\tfrac{p}{2} + \sqrt{\left(\tfrac{p}{2}\right)^2 - q}; \quad x_2 = -\tfrac{p}{2} - \sqrt{\left(\tfrac{p}{2}\right)^2 - q}$$

   b) $\left(\frac{p}{2}\right)^2 - q$ muss ≥ 0 sein, sonst stünde unter dem Wurzelzeichen eine negative Zahl.

2. a) $x_1 = -4$; $x_2 = -6$ F   b) $x_1 = 1$; $x_2 = -5$ L   c) $x_1 = 8$; $x_2 = -1$ U
   d) $x_1 = 8$; $x_2 = 2$ S   e) $x_1 = 8$; $x_2 = -3$ S   f) $x_1 = 9$; $x_2 = -8$ P
   g) $x_1 = 8$; $x_2 = 6$ F   h) $x_1 = 7$; $x_2 = -3$ E   i) $x_1 = 2$; $x_2 = -8$ R
   j) $x_1 = 5$; $x_2 = -1$ D
   Lösung: Flusspferd

3. a) $x_1 = 3$; $x_2 = -7$ b) $x_1 = 5$; $x_2 = 1$ c) $x_1 = 6$; $x_2 = -2$ d) $x_1 = 4$; $x_2 = -6$
   e) $x_1 = 6$; $x_2 = -3$ f) $x_1 = 4$; $x_2 = -6$ g) $x_1 = 7$; $x_2 = -6$ h) $x_1 = 2$; $x_2 = -4$

4. a) $x_1 = 1{,}3$; $x_2 = 1{,}2$ b) $x_1 = 0{,}8$; $x_2 = 0{,}3$ c) $x_1 = 0{,}6$; $x_2 = 0{,}5$
   d) $x_1 = 4{,}21$; $x_2 = -0{,}71$ e) $x_1 = 0{,}4$; $x_2 = -8{,}4$ f) $x_1 = -0{,}44$; $x_2 = -8{,}56$
   g) $x_1 = -0{,}82$; $x_2 = -8{,}18$ h) $x_1 = 7{,}19$; $x_2 = 0{,}81$ i) $x_1 = 1{,}64$; $x_2 = -3{,}04$
   j) $x_1 = 0{,}1$; $x_2 = -6{,}1$ k) $x_1 = 0{,}18$; $x_2 = -4{,}98$ l) $x_1 = 0{,}81$; $x_2 = -10{,}31$

5. a) $x_1 = \frac{1}{2}$; $x_2 = \frac{1}{3}$ b) $x_1 = 1{,}5$; $x_2 = 1$ c) $x_1 = \frac{2}{3}$; $x_2 = \frac{1}{4}$
   d) $x_1 = \frac{2}{5}$; $x_2 = \frac{1}{3}$ e) $x_1 = \frac{2}{3}$; $x_2 = \frac{1}{2}$ f) $x_1 = \frac{2}{5}$; $x_2 = -\frac{1}{4}$
   g) $x_1 = \frac{1}{6}$; $x_2 = -1$ h) $x_1 = 1{,}14$; $x_2 = 0{,}11$

Vermischte Aufgaben

54 1. a) $x_1 = 1{,}2;\ x_2 = 0{,}5$ b) $x_1 = 1{,}46;\ x_2 = 0{,}14$ c) $x_1 = 0{,}5;\ x_2 = 0{,}3$
d) $x_1 = 1{,}55;\ x_2 = -0{,}15$ e) $x_1 = -0{,}2;\ x_2 = -1$ f) $x_1 = -0{,}26;\ x_2 = -1{,}94$
g) $x_1 = 0{,}5;\ x_2 = 0{,}4$ h) $x_1 = 0{,}13;\ x_2 = -0{,}56$

2. a) $x_1 = -\frac{1}{2};\ x_2 = -\frac{2}{3}$ b) $x_1 = \frac{1}{2};\ x_2 = \frac{1}{4}$ c) $x_1 = 0{,}72;\ x_2 = -0{,}31$
d) $x_1 = 1{,}11;\ x_2 = -0{,}18$ e) $x_1 = -\frac{1}{3};\ x_2 = -\frac{1}{2}$ f) $x_1 = 0{,}4;\ x_2 = -0{,}75$
g) $x_1 = 0{,}6;\ x_2 = 0{,}4$ h) $x_1 = -0{,}44;\ x_2 = -1{,}15$

3.

	Normalform	Lösung: $x_1 =$; $x_2 =$	Lösungsbuchstabe
a)	$x^2 + 9x + 20 = 0$	–4; –5	B
b)	$x^2 + x - 2 = 0$	1; –2	U
c)	$x^2 - 2x - 63 = 0$	9; –7	D
d)	$x^2 + 2x - 3 = 0$	1; –3	A
e)	$x^2 - 2x - 48 = 0$	8; –6	P
f)	$x^2 - 36 = 0$	6; –6	E
g)	$x^2 - 12x - 64 = 0$	16; –4	S
h)	$x^2 - x - 42 = 0$	7; –6	T

4. a) zwei Lösungen $x_1 = 8;\ x_2 = 4$ b) keine Lösung
c) eine Lösung $x = -2$ d) zwei Lösungen $x_1 = 9;\ x_2 = 3$
e) eine Lösung $x = -4$ f) zwei Lösungen $x_1 = -1;\ x_2 = -2$
g) keine Lösung h) zwei Lösungen $x_1 = 9;\ x_2 = -2$

5. a) eine Lösung für $q = 4$: $x = -2$
b) zwei Lösungen für $q < 4$: $x_{1/2} = -2 \pm \sqrt{4-q}$
c) keine Lösung für $q > 4$

6. a) eine Lösung für $p = 6$: $x = -3$
b) zwei Lösungen für $p > 6$: $x_{1/2} = -\frac{p}{2} \pm \sqrt{\left(\frac{p}{2}\right)^2 - q}$
c) keine Lösung für $p < 6$

7. a) $x_1 = 4;\ x_2 = 2$ b) keine Lösung c) $x_1 = -3;\ x_2 = -5$
d) keine Lösung e) $x_1 = 9;\ x_2 = -3$ f) $x_1 = -6;\ x_2 = -8$

8. a) $x_1 + x_2 = -\frac{p}{2} + \sqrt{\left(\frac{p}{2}\right)^2 - q} + \left(-\frac{p}{2}\right) - \sqrt{\left(\frac{p}{2}\right)^2 - q}$

$x_1 + x_2 = -\frac{p}{2} + \left(-\frac{p}{2}\right)$

$x_1 + x_2 = -2\frac{p}{2} = -p$

b) $x_1 \cdot x_2 = \left(-\frac{p}{2} - \sqrt{\left(\frac{p}{2}\right)^2 - q}\right) \cdot \left(-\frac{p}{2} + \sqrt{\left(\frac{p}{2}\right)^2 - q}\right)$

$x_1 \cdot x_2 = \left(-\frac{p}{2}\right)^2 - \left(\sqrt{\left(\frac{p}{2}\right)^2 - q}\right)^2$ (3. binomische Formel)

$x_1 \cdot x_2 = \frac{p^2}{4} - \left(\frac{p^2}{4} - q\right)$

$\mathbf{q = x_1 \cdot x_2}$

54 9. Francois Viète (nannte sich auch Franciscus Vieta), geboren 1540 in Fontenay-le-Comte (im Westen Frankreichs); gestorben 23.02.1603 in Paris; französischer Advokat und Mathematiker; er führte u. a. die Benutzung von Buchstaben als Variablen ein.

10. x_1; x_2 sind Lösungen bei b) und c); bei a) und d) hingegen nicht.

11. z. B.
a) $y = x^2 - 5x + 6$ b) $y = x^2 - 5x + 4$ c) $y = x^2 - 0{,}9x - 0{,}7$
d) $y = x^2 + 0{,}7x - 3{,}3$ e) $y = x^2 - 3x - 10$ f) $y = x^2 - 4x - 21$
g) $y = x^2 - 0{,}65x + 0{,}1$ h) $y = x^2 + \frac{3}{4}x + \frac{1}{8}$

Anwendungen

55 1. $x(x - 6) = 216$; $x_1 = 18$; $x_2 = -12$; die Zahl ist 18 oder –12.

2. a) $x^2 + 5x = 93{,}75$; $x_1 = 7{,}5$; $x_2 = -12{,}5$; die Zahl ist 7,5 bzw. –12,5.
b) $x(x + 9) = 1\,170$; $x_1 = 30$; $x_2 = -39$; die Zahlen sind 30 und 39 bzw. –39 und –30.

3. a) $(x - 3)(x + 3) = 40$; $x_1 = 7$; $x_2 = -7$; die Zahl heißt 7 oder –7.
b) $8 \cdot (x + 12) = 4x^2$; $x_1 = 6$; $x_2 = -4$; die Zahl heißt 6 oder –4.

4. Ziffern x, 13 – x mit $x < 5$; $x(13 - x) = 36$; $x_1 = 4$; $x_2 = 9$; die Zahl heißt 49.

5. $\frac{1}{2}x(x + 1) = 780$; $x_1 = 39$; ohne Betrachtung: $x_2 = -40$; bis zur 39. Zahl.

6. a) $s = 112{,}338$ m b) $t = 11{,}85$ s

7. a) nach 3 Sekunden b) nach 2,1 Sekunden c) nach 7,7 Sekunden

8. Kompass (besser Stein) von der Brücke werfen und die Zeit stoppen, bis er unten auftrifft

56 9. a) nach 20 Sekunden (genau: 20,02 s) b) nach 20 Sekunden (20,01 s)

10. nach 12,8 Sekunden

11. Es dauert 1,2 s.

12. a) $x = 16{,}58$ cm b) $x = 39$ cm c) $x = 7$ cm d) $x = 9$ cm

13. a) $x(x + 8) = 240$; Länge der Rechteckseiten: 12 m und 20 m
b) $x(x - 7) = 330$; Länge der Seiten: 22 m und 15 m

14. $(16 - x)(19 - x) = 208$; die Seitenkürzung beträgt 3 cm.
Die Seitenlängen des neuen Rechtecks sind 13 und 16 cm.

15. $x(26 - x) = 153$; die Seitenlängen sind 17 und 9 cm.

56 16. $(16 - 2x)(12 - 2x) = 32$; der Streifen ist 4 m breit.

17. $x(88 - x) = 1\,792$; die Seitenlängen sind 56 m und 32 m.

18. $\frac{1}{2}(x - 2)\,x + 36 = 2x(x - 4)\cdot\frac{1}{2}$; x = 12 cm, h = 10 cm, A = 60 cm^2

19. $\frac{(2x + 6)\cdot\frac{1}{2}x}{2} = 44$; die Grundseiten sind 8 cm und 14 cm lang, die Höhe beträgt 4 cm.

20. $\frac{(2x - 8)\cdot\frac{1}{2}x}{2} = 160$; die Grundseiten sind 20 cm und 12 cm lang, die Höhe beträgt 10 cm.

Parabeln im Sport

57 1. a) – b) $x \approx 35$ m c) Weite: $x_1 = 34{,}95$ m; ($x_2 = -1{,}62$)
d) Der aktuelle Weltrekord (Stand 2011) ist 23,12 m; Christian träumt von einer utopisch guten Leistung.

2. Ihr Körperschwerpunkt erreichte 207 cm als maximale Höhe.
Scheitelpunkt der Parabel: S (0 | 207)

3. a) 8,906 m b) a = 0,057

4. ② b = 5; ③ $y = ax^2 - 5 \rightarrow 0 = a\cdot(-4)^2 + 5$, also $a = -\frac{5}{16} = -0{,}1325$
Der Ball trifft den Korb nicht.
Die Parabelgleichung ist $y = -0{,}3125x^2 + 5$.
$-0{,}3125\cdot 3{,}2^2 + 5 = 1{,}8$ und nicht 0,52.

Vermischte Aufgaben

58 1. a) Lege die y-Achse durch die Symmetrieachse der Parabel; x-Achse auf den Boden; dann hat Scheitelpunkt die Koordinaten S(0|36). Parabel ist nach unten geöffnet. Ansatz für Gleichung: $y = -ax^2 + 36$.
Parabel ist am Boden 70 m breit, d. h., für x = 35 ist y = 0 (ebenso für x = –35);
damit: $0 = -a\cdot 35^2 + 36$; a = 0,0294 (gerundet);
Gleichung: $y = -0{,}0294\,x^2 + 36$

b) Gleichung: $12{,}70 = -0{,}0294\,x^2 + 36$; $x_1 = 28{,}152$ und $x_2 = -28{,}152$.
Die Breite der Zwischendecke beträgt 56,304 m.

2. a) Für x = 0 (entspricht der Düse des Springbrunnens) ist $y = \frac{1}{4}$; in Wirklichkeit 25 cm; d. h., $y = \frac{1}{4}$ m.

b) Gleichung: $0 = -\frac{1}{4}x^2 + 2x + \frac{1}{4}$; $x_1 = 8{,}123$; $x_2 = -0{,}123$. Das Wasser trifft in 8,12 m Entfernung auf die Wasseroberfläche. Die zweite Lösung $x_2 = -0{,}123$ beschreibt einen fiktiven Ort im Inneren des Brunnens; wäre die Parabel des Wasserstrahls vollständig, würde sie dort auch auf die Wasserfläche auftreffen.

3. $x^2 = 90(90 - x)$; $x_1 = 55{,}62$; $x_2 = -145{,}62$; Position des Turms: x = 55,62 m.

3 Körper

61 Es entstehen jeweils Rotationskörper;
A: Kerze (geometrischer Körper: Kegel), B: Dose (Zylinder), C: Lampenschirm (Kegelstumpf), D: Volleyball (Kugel), E: Trichter (Kegel, Spitze ist unten)

Volumen von Prisma und Zylinder

62
1. Von links nach rechts:
   Würfel, Kantenlänge a, Volumen $V = a^3$
   Quader, Kantenlängen a, b, c; Volumen $V = a \cdot b \cdot c$
   Dreiecksprisma, Grundfläche G, Höhe h; Volumen $V = G \cdot h$
   Prisma, Grundfläche G, Höhe h, Volumen $V = G \cdot h$
   Zylinder, Radius der Grundkreises r; Höhe h; Volumen $V = \pi r^2 h$
2. Für alle abgebildeten Körper gilt: $V = G \cdot h$.
   a) 1 716 cm³ b) 598,5 cm³ c) 1 449,1 cm³ d) 523,9 cm³
3. V = a) 824,7 cm³ b) 1 357,2 mm³ c) 5 989,8 cm³ d) 23 524,2 cm³ e) 15,27 dm³
4. a) h = 6,5 cm b) G = 9 cm² c) h = 9,8 cm
5. a) h = 7,48 cm; V = 561,25 cm³ b) h = 20,20 cm; V = 5 554,73 cm³
   c) h = 14,34 cm; V = 1 718,96 cm³
6. a) h = 17,89 cm; V = 18 514,64 cm³ b) h = 12,91 cm; V = 4 141,28 cm³
   c) x = 32 cm; V = 88 200 cm³
7. Das Volumen wird
   a) verdoppelt b) vervierfacht c) geviertelt

Oberfläche von Prisma und Zylinder

63
1. a), b) von links nach rechts:
   Quader, $O = 2 \cdot (a \cdot b + a \cdot c + b \cdot c)$,
   Prisma, $O = (a + b + c) \cdot h + a \cdot h_a$,
   Zylinder, $O = 2\pi r^2 + 2\pi rh = 2\pi r \cdot (r + h)$
   c) O = 2 · Grundfläche + Mantelfläche
2. a) O = 2 144 cm² b) 8,07 m²
3. a) O = 111,65 cm² b) 130,33 cm² c) 74,5 cm²
4. O = a) 497,6 cm² b) 534,1 mm² c) 957,8 cm² d) 7 012,0 cm² e) 2 798,5 cm²
5. O = a) 441,1 cm² b) 512,5 cm² c) 252,3 cm³ d) 1 320,6 cm²
6. a) h = 2,99 cm b) r = 2,45 cm
7. Radius: r = 7,45 cm; Mantelfläche: M = 575,64 cm²; Oberfläche: O = 924,23 cm²
8. a) 5,18 m² (Mantelfläche)
   b) Gewalzte Fläche = gefahrene Strecke · Breite der Walze;
   hier 5 000 m · 1,5 m = 7 500 m²

Pyramiden zeichnen und bauen

64 1. –

2. –

3. Fehler in 1. Auflage; Bezeichnung der Netze mit A, B, C, D, E fehlt.
Netz A (oben links) ergibt eine quadratische Pyramide.
Netz B (oben rechts) ergibt keine Pyramide, die Seitenkanten der Dreiecke sind verschieden lang und passen nicht aneinander.
Netz C (Mitte links) ergibt keine Pyramide, die Seitenkanten der Dreiecke sind verschieden lang und passen nicht aneinander.
Netz D (Mitte rechts) ergibt eine quadratische Pyramide.
Netz E (unten) ergibt eine Pyramide mit rechteckiger Grundfläche.

4. –

Kegel zeichnen und bauen

65 1. –

2. –

3. a) Ergibt einen Kegel.
b) Der Mantel ist nicht groß genug. (Bogenlinie an Mantel:
$b = 2\pi \cdot 12 \cdot \frac{1}{4}$ cm $= 2\pi \cdot 3$ cm; Kreisumfang $u = 2\pi \cdot 4$ cm
c) Ergibt einen Kegel.
d) Der Mantel ist zu groß. ($b = 2\pi \cdot 12 \cdot \frac{210}{360}$ cm $= 2\pi \cdot 7$ cm; $u = 2\pi \cdot 5$ cm)

Pythagorasanwendungen bei Kegel und Pyramide

66 1. $h^2 + r^2 = s^2$
a) s = 10 cm b) s = 5,9 cm c) r = 6,4 cm d) h = 10,9 cm e) r = 3,5 cm

2. a) – b) $(h_s)^2 = h^2 + \left(\frac{a}{2}\right)^2$ c) $s^2 = (h_s)^2 + \left(\frac{a}{2}\right)^2$; $s^2 = h^2 + \left(\frac{d}{2}\right)^2$ d) –

3. a) $h_s = 4{,}6$ cm b) $h_s = 15{,}2$ cm c) a = 6,1 cm

4. a) h = 9,2 cm b) $h_s = 12$ cm

Hinführung zu den Oberflächenformeln für Pyramide und Kegel

67 A 1. Der Mantel setzt sich aus den vier Seiten-Dreiecken zusammen, die Oberfläche aus der Mantelfläche und der Grundfläche.
2. $M = 144\ cm^2$; $O = 208\ cm^2$
3. $M = 2 \cdot a \cdot h_s$; $O = a^2 + 2 \cdot a \cdot h_s$
4. $h_s = 16{,}16$ cm; $M = 387{,}8\ cm^2$; $O = 531{,}8\ cm^2$

67 B 5. Der Mantel ist ein Kreisausschnitt.
Die Oberfläche setzt sich aus der Mantelfläche und der Grundfläche (Kreis) zusammen.
6. $M = 141{,}4\ cm^2$; $O = 219{,}9\ cm^2$
7. $M = \pi \cdot r \cdot s$; $O = \pi \cdot r \cdot s + \pi \cdot r^2 = \pi \cdot r \cdot (r + s)$
8. $s = 13{,}6\ cm$; $M = 341{,}8\ cm^2$; $O = 542{,}9\ cm^2$

Oberfläche von Pyramide und Kegel

68 1. a) $M = 40\ cm^2$, $O = 56\ cm^2$
b) $M = 93{,}0\ cm^2$, $O = 131{,}44\ cm^2$
c) $M = 17{,}68\ cm^2$, $O = 22{,}44\ cm^2$

2. $O =$ a) $85\ cm^2$ b) $48\ cm^2$ c) $138\ cm^2$ ($h_s = 8{,}5\ cm$)

3. a) $M = 160\ cm^2$, $O = 224\ cm^2$
b) $M = 432\ cm^2$, $O = 576\ cm^2$
c) $M = 48\ cm^2$, $O = 84\ cm^2$ ($h_s = 4\ cm$)

4. a) $M = 31{,}4\ cm^2$, $O = 44\ cm^2$
b) $M = 72{,}6\ cm^2$, $O = 128\ cm^2$
c) $M = 6{,}8\ cm^2$, $O = 11{,}3\ cm^2$

5. $O =$ a) $728{,}8\ cm^2$ b) $1\,071\ cm^2$ c) $483{,}5\ cm^2$ ($s = 15{,}8\ cm$)
d) $155{,}6\ cm^2$ ($s = 10{,}16\ cm$)

69 6. a) $M = 2a\,h_s$; $a = \frac{M}{2\,h_s}$ b) $h_s = \frac{M}{2a}$

c) $O = a^2 + 2a\,h_s$; $h_s = \frac{O - a^2}{2a}$

7.

	a)	b)	c)	d)	e)	f)
a	4 cm	5,6 cm	**8,5 cm**	9,4 m	**4,6 dm**	**18,7 cm**
h	**6,7 cm**	**6,4 cm**	**11,5 cm**	**9,7 m**	**4,7 dm**	**6,9 cm**
h_s	7 cm	**7 cm**	12,3 cm	**10,8 m**	**5,2 dm**	**11,6 cm**
M	**56 cm²**	78,4 cm²	209,1 cm²	**203,04 m²**	**47,84 dm²**	434 cm²
G	**16 cm²**	**31,36 cm²**	**72,3 cm²**	**88,36 m²**	21,16 dm²	**349 cm²**
O	**72 cm²**	**109,8 cm²**	**281,4 cm²**	291,4 m²	69,0 dm²	783 cm²

8. $r \approx 4{,}0\ cm$ (3,9859... cm)

9. a) Länge des Kreisbogens: $\frac{1}{3} \cdot \pi \cdot 2 \cdot s \approx 8{,}38\ cm$
Radius der Grundfläche: $r = 8{,}38\ cm : (2 \cdot \pi) = 1{,}33\ cm$
b) –

10. –

11. a) $r \approx 19{,}1\ cm$; $M_1 = 1\,500\ cm^2$; $M_2 = 2\,400\ cm^2$; $O = 3\,900\ cm^2$
b) Das Blech wiegt ca. 6,162 kg.

69 12. a) Mann geschätzt 1,90 m (im Bild 1,5 cm), a = 4,43 m (3,5 cm), h_s = 4,43 m (3,5 cm), M ≈ 40 m^2
b) (großes) Geodreieck 25 cm (im Bild 2 cm), Schultüte: Durchmesser 25 cm (2 cm), r ≈ 12,5 cm, Seitenlänge s = 56,25 cm (4,5 cm), M ≈ 2200 cm^2

13. a) M = 80 cm^2 b) M = 105,45 cm^2
c) M = 180 cm^2 d) M = 379,2 cm^2

Cavalieri

70 1. –

2. G und h sind gleich groß, die Schnittflächen (Zettel) haben gleichen Flächeninhalt.

3. Für jeden beliebigen, aber gleichen Höhenabschnitt h′ zweier Spitzkörper mit gleich großer Grundfläche und gleicher Körperhöhe haben Schnittflächen, die parallel zur Grundfläche sind, den Flächeninhalt $A' = \left(\frac{h'}{h}\right)^2 \cdot G$
(h′ ist wie im Schülerband der Abstand der Schnittfläche zur Spitze).
Folglich haben zwei Spitzkörper mit gleich großer Grundfläche und gleicher Höhe in jeder beliebigen Zwischenhöhe inhaltsgleiche Querschnittsflächen und deshalb nach dem Satz des Cavalieri gleiches Volumen.

Hinführung zu den Volumenformeln für Pyramide und Kegel

71 A – Quader und quadratische Pyramide, gleiche Grundfläche, gleiche Höhe; beim Eintauchen in das zylindrische Gefäß steigt der Wasserspiegel beim Quader um 12 cm, bei der Pyramide um 4 cm; d. h., der Quader verdrängt 3-mal mehr Wasser als die Pyramide.
– Zylinder und Kegel, gleiche Grundfläche, gleiche Höhe; 3 Kegel wiegen genau so viel wie ein Zylinder; da die Körper aus demselben Material sind, hat der Zylinder ein 3-mal so großes Volumen wie ein Kegel.
– Umschüttversuch: Hohlkörper Quader und Pyramide, gleiche Grundfläche, gleiche Höhe; der Inhalt der Pyramide füllt den Quader bis zu $\frac{1}{3}$ der Höhe; das Volumen des Quaders ist 3-mal so groß wie das Volumen der Pyramide.
– Allgemein gilt für Pyramiden und Kegel: $V = \frac{1}{3}\, G \cdot h$,
speziell bei quadratischen Pyramiden: $V = \frac{1}{3} a^2 \cdot h$;
speziell für Kegel: $V = \frac{1}{3} \pi r^2 \cdot h$

B a) Jeweils zwei der Pyramiden haben eine kongruente Grundfläche und die gleiche Höhe (rote und blaue Pyramide: Grundfläche gleichseitiges Dreieck (= Prismagrundfläche); Höhe = Höhe des Prismas; rote und gelbe Pyramide: gemeinsame Schnittfläche; Höhe vom vierten Eckpunkt zu dieser Schnittfläche gleich (Symmetrie des regelmäßigen Prismas); gelbe und blaue Pyramide: analog); nach dem Satz des Cavalieri haben damit die rote und die blaue sowie die rote und die gelbe Pyramide jeweils dasselbe Volumen, also haben alle drei dasselbe Volumen. Zusammen haben sie das Volumen des Prismas, damit gilt für jede Pyramide: $V_{Pyr} = \frac{1}{3} V_{Prisma} = \frac{1}{3} G \cdot h$.

71 b) Bei der Beschreibung in a) kommen konkrete Werte des Prismas nicht vor, die Größen der Pyramide werden nur in Beziehung zu den Größen des Prismas beschrieben; das Ergebnis gilt für alle Prismen und damit auch für alle (Dreiecks-)Pyramiden. Pyramiden mit anderen Grundflächen lassen sich aus (Dreiecks-)Pyramiden zusammensetzen.

c) Zu jedem Kegel denkt man sich eine Pyramide mit gleichem Grundflächeninhalt und gleicher Höhe. Nach dem Satz des Cavalieri sind dann auch die Volumina gleich.

Volumen von Pyramide und Kegel

72

1. V = a) 108 cm^3 b) 36,75 cm^3 c) 480 mm^3 d) 357,86 mm^3

2. V = a) 33,3 cm^3 b) 34,6 cm^3 c) 35,5 cm^3

3. V = a) 20,9 cm^3 b) 90,8 cm^3 c) 184,1 cm^3

4. V = a) 37,33 cm^3 b) 56,55 cm^3 c) 190,56 cm^3 d) 2238,6 cm^3

5. a) $h = \frac{3 \cdot V}{\pi \cdot r^2}$ b) $r = \sqrt{\frac{3 \cdot V}{\pi \cdot h}}$

6.

	a)	b)	c)	d)	e)	f)
r	8,3 cm	4,2 cm	**3,4 cm**	**3,86 m**	**2 dm**	**6,3 cm**
h	7,4 cm	**4,6 cm**	5,6 cm	6,42 m	**5,9 dm**	7,2 cm
G	**216,4 cm^2**	**55,4 cm^2**	**36,3 cm^2**	46,75 m^2	12,3 dm^2	**124,6 cm^2**
V	**533,8 cm^3**	85,1 cm^3	67,8 cm^3	**100 m^3**	24,2 dm^3	299,1 cm^3

7. a) $h = \frac{3 \cdot V}{a^2}$ b) $a = \sqrt{\frac{3 \cdot V}{h}}$

8.

	a)	b)	c)	d)	e)	f)
a	3,5 cm	**7,7 mm**	4,2 cm	**7,1 cm**	**7,5 cm**	8,3 cm
h	7,4 cm	6,9 mm	**13 cm**	**5,6 cm**	**5,4 cm**	**6,0 cm**
G	**12,25 cm^2**	**59 mm^3**	**17,64 cm^2**	50,4 cm^2	56,25 cm^2	**68,89 cm^2**
V	**30,2 cm^3**	135,7 mm^3	76,5 cm^3	94,1 cm^3	101,25 cm^3	137,1 cm^3

73 9. V = a) 719,95 mm^3 b) 18,23 m^3 c) 810,53 cm^3 d) 115,6 m^3

10. a) (1) V viermal so groß (2) V 9-mal so groß (3) V doppelt so groß
b) (1) V wird $\frac{1}{4}$ des ursprünglichen Volumens.
(2) V verdoppelt sich.
(3) V wird dreimal so groß.
c) Die Zuordnungen h → V und G → V sind proportional.

11. Höhe der Pyramide: 30 cm

12. a) h = 4 cm; V = 48 cm^3 b) h ≈ 4,3 cm; V ≈ 216 cm^3

13. a) h = 8 cm; V ≈ 301,6 cm^3 b) h ≈ 23,5 cm; V ≈ 1 778,8 cm^3

73 14. a) $r = 6{,}16$ m; $V = 158{,}9\ m^3$ b) $G = 314{,}7\ m^2$ Bodenfläche
c) $V = 294{,}5\ m^3$; $r = 7{,}5$ m

15. Die Flüssigkeit im bis zur halben Höhe gefüllten Glas bildet einen Kegel mit $h' = \frac{1}{2}h$ und $r' = \frac{1}{2}r$ (aus Strahlensatz), damit $V = \frac{1}{3} \cdot \pi \cdot (\frac{1}{2}r)^2 \cdot \frac{1}{2}h = \frac{1}{8}V_{Glas}$.
Das Glas ist also nur zu einem Achtel gefüllt.

16. Der Kristallkörper ist ein Prisma mit sechseckiger Grundfläche und zwei Aufgesetzten 6-seitigen Pyramiden, näherungsweise kann mit Zylinder und aufgesetzten Kegeln gerechnet werden. Geschätzte Maße: Prisma Höhe 6 mm, Durchmesser 8 mm; Kegel: Durchmesser je 8 mm, Höhe je 4 mm. Volumen des Körpers: ca. $435{,}6\ mm^3 \approx 0{,}44\ cm^3$

17. a) $V \approx 134\ cm^3$ b) $378\ cm^3$ Abfall

18. Für Grundfläche G gilt bei d = h: $G = \pi \cdot r^2 = \pi \cdot \frac{d^2}{4} = \pi \cdot \frac{h^2}{4}$;
damit erhält man für V: $V = G \cdot \frac{h}{3} = \pi \cdot \frac{h^2}{4} \cdot \frac{h}{3} = \pi \cdot \frac{h^3}{12}$.

Die Cheops-Pyramide in Ägypten

74 1. a) – Grundkantenlänge: ursprünglich 230 m; heute 227,5 m
– Höhe: ursprünglich 146 m; heute 136,5 m
– gehört zu den Pyramiden von Gizeh; gebaut vor ca. 4 500 Jahren
b) durch Wind und Regen

2. –

3. Höhe der Seitenflächen ursprünglich ca. 186 m; heute ca. 178 m

4. a) ursprünglich: $V \approx 2\,574\,500\ m^3$
heute: $V \approx 2\,355\,000\ m^3$
b) Verringerung des Volumens um $219\,500\ m^3 \triangleq$ um ca. 8,5 %

5. ca. 257 450 Lkw; wenn 1 Lkw 10 m lang ist, wäre es eine Schlange von ca. 2 574 km, ungefähr die Strecke von Berlin zum Nordkap.

6. Volumen eines Quaders: $0{,}942\ m^3$; z. B. 0,80 m × 0,80 m × 1,47 m

Die Glaspyramide vor dem Louvre in Paris

75 1. a) erbaut 1989, als maßstäbliche Verkleinerung der Cheops-Pyramide.
Maße: Höhe 22 m; Grundkantenlänge: 35 m

2. Maßstab der Verkleinerung: 1 : 6,5

3. Seitenkanten ca. 33,11 m lang

4. $h_s \approx 28{,}11$ m; Gesamtfläche: $A \approx 1\,968\ m^2$ (Eingang hier unberücksichtigt)

75 5. Eine Seitenfläche ohne Eingang ist aus Reihen mit Rauten aufgebaut. Unten befindet sich jeweils eine Reihe mit 18 Dreiecken, auf der Eingangsseite sind es $6 + 6 + 4 = 16$ Dreiecke. Insgesamt $3 \cdot 18 + 16 = 70$ Dreiecke. Die erste Reihe hat 17 Rauten, die 2. Reihe 16 usw. Pro Seitenfläche also $17 + 16 + 15 + \ldots + 3 + 2 + 1 = 153$ Rauten. Für 4 Seitenflächen wären es 612 Rauten. Für den Eingang entfallen 9 Rauten, also insgesamt 603 Rauten.

6. Fläche einer Raute: 2,85 m²; Fläche eines Dreiecks: 1,425 m²
Gesamte Glasfläche: 1 818,3 m²; Volumen der Glasfläche: 38,18 m³; Masse: 95,5 t

Vermischte Aufgaben

76 1. a) $V = 27{,}91\ \text{cm}^3$; b) $V = 33{,}62\ \text{cm}^3$; c) $V = 50{,}90\ \text{cm}^3$; d) $V = 14\,000\ \text{cm}^3$;

2. a) $O = 63{,}37\ \text{cm}^2$ b) $O = 68{,}8\ \text{cm}^2$ c) $O = 84{,}47\ \text{cm}^2$ d) $O = 3\,932{,}49\ \text{cm}^2$

3. a) $V = 37{,}70\ \text{cm}^3$; $O = 75{,}40\ \text{cm}^2$ b) $V = 204{,}20\ \text{cm}^3$; $O = 255{,}1\ \text{cm}^2$
c) $V = 366{,}31\ \text{mm}^3$; $O = 335{,}24\ \text{mm}^2$

4. a) $O = 67{,}88\ \text{cm}^2$; $V = 32{,}93\ \text{cm}^3$ b) $O = 86{,}75\ \text{cm}^2$; $V = 21{,}85\ \text{cm}^3$
c) $O = 74{,}81\ \text{m}^2$; $V = 33{,}58\ \text{m}^3$

5. $m = 280$ g

6. Boden: 12,96 m²; Seitenteile: 4 5,94 m² = 23,76 m²; insgesamt 36,72 m²

7. V = a) 704 cm³ b) 1829,33 cm³ c) 42,36 cm² d) 85 550 cm³

8. a) $d = 8{,}74$ cm b) $h = 22{,}6$ cm

9. $m = 549{,}2$ g [$h = 5{,}97$ cm; $r = 2{,}3$ cm; $V = 66{,}17\ \text{cm}^3$]

10. $V_{\text{Pyramide}} \approx 41{,}7\ \text{cm}^3$; $V_{\text{Kegel}} \approx 32{,}7\ \text{cm}^3$; es sind ca. 22 % weniger.

11. Es stimmt. $h_{\text{Kegel}} = \frac{3 \cdot V_{\text{Kegel}}}{a^2} = \frac{3}{a^2} \cdot \left(\frac{a}{2}\right)^2 \cdot \pi \cdot h_{\text{Pyramide}} \cdot \frac{1}{3} \approx 0{,}78\ h_{\text{Pyramide}}$,
also ca. 78 % ≈ 80 %.

Pyramidenstumpf und Kegelstumpf

77 1. $O = 296\ \text{cm}^2$

2. $O \approx 498\ \text{cm}^2$

3. Pyramidenstumpf: $V = \frac{h}{3} \cdot \left(a_1^2 + \sqrt{a_1^2 a_2^2} + a_2^2\right) = \frac{1}{3} \cdot h \cdot \left(a_1^2 + a_1 a_2 + a_2^2\right)$

Kegelstumpf: $V = \frac{h}{3} \cdot \left(\pi r_1^2 + \sqrt{\pi r_1^2 \cdot \pi r_2^2} + \pi r_2^2\right) = \frac{\pi}{3} \cdot h \cdot \left(r_1^2 + r_1 r_2 + r_2^2\right)$

4. Kegelstumpf: $V = 629\ \text{cm}^3$; $O \approx 429{,}75\ \text{cm}^2$ ($h_s = 8{,}29$ cm)
Pyramidenstumpf: $V = 285\ \text{cm}^3$; $O \approx 274\ \text{cm}^2$ ($h_s = 5{,}22$ cm)

77 5. a) Kegelstumpf Oberfläche: $O = \pi \cdot r_1^2 + \pi \cdot r_2^2 + \pi \cdot s(r_1 + r_2)$; für $r_1 = r_2 = r$:
$O = 2\pi \cdot r^2 + 2\pi \cdot s \cdot r$. Dies ist die Oberflächenformel für einen Zylinder mit Radius r und Höhe s.
Kegelstumpf Volumen: $V = \frac{1}{3}h \cdot (\pi \cdot r_1^2 + \pi \cdot r_2^2 + \pi \cdot r_1 \cdot r_2)$; für $r_1 = r_2 = r$:
$V = \frac{1}{3}h \cdot 3\pi \cdot r^2 = \pi \cdot r^2 \cdot h$. Dies ist die Volumenformel für einen Zylinder mit Radius r und Höhe h.

b) Für $r_2 = 0$ erhält man den Spezialfall des Kegels mit Grundkreisradius r_1, Höhe h und Mantellinie s. Für Oberfläche und Volumen gelten dann:
$O = \pi \cdot r_1^2 + \pi \cdot 0^2 + \pi \cdot s(r_1 + 0) = \pi \cdot r_1^2 + \pi \cdot s \cdot r_1$;
$V = \frac{1}{3}h \cdot (\pi \cdot r_1^2 + \pi \cdot 0^2 + \pi \cdot r_1 \cdot 0) = \frac{1}{3}h \cdot \pi \cdot r_1^2$;
Dies sind die Oberflächen- bzw. Volumenformel eines Kegels.

c) Ein Pyramidenstumpf mit $a_1 = a_2$ ist ein Quader mit quadratischer Grundfläche; ein Pyramidenstumpf mit $a_2 = 0$ ist eine quadratische Pyramide. Auch hier entstehen aus den Oberflächen- und Volumenformen des Pyramidenstumpfs die entsprechenden Formeln für Quader bzw. Pyramide:
$O = a_1^2 + a_2^2 + 2\,h_s\,(a_1 + a_2)$; $V = \frac{1}{3}h\,(a_1^2 + a_2^2 + a_1 \cdot a_2)$
Für $a_1 = a_2 = a$: $O = 2\,a^2 + 4\,h_s \cdot a$; $V = \frac{1}{3}h \cdot 3\,a^2 = h \cdot a^2$; dies sind Oberflächen- und Volumenformel für einen Quader mit quadratischer Grundfläche, Kante a, und Höhe h.
Für $a_2 = 0$: $O = a_1^2 + 2\,h_s\,a_1$; $V = \frac{1}{3}h\,a_1^2$; dies sind Oberflächen- und Volumenformel einer quadratischen Pyramide mit Grundkante a und Höhe h.

Die Lösungen der Seiten „Wissen – Anwenden – Vernetzen" sind zur Selbstkontrolle für die Schülerinnen und Schüler in Kurzform im Schulbuch abgedruckt. Als Hilfestellung für die Besprechung im Unterricht ist hier eine ausführliche Version angeboten.

Wissen – Anwenden – Vernetzen

78/79 **1. USA**

a) $r = 150$ m; $A = 70\,685{,}8\ m^2 = 7{,}06858$ ha
$u = 942{,}5$ m; in 1 h 5 Umdrehungen $\triangleq 4\,712{,}5$ m, $v \approx 4{,}7$ km/h

b) – Um jede kreisförmige bewässerte Fläche kann man sich ein Quadrat (Seitenlänge: 300 m) denken; die nicht bewässerte Fläche in jedem Quadrat ist $300^2\ m^2 - 70\,685{,}8\ m^2 = 19\,314{,}2\ m^2 \approx 1{,}93$ ha, das entspricht 21,46 % der Quadratfläche. Bei der dargestellten Fläche (12 Quadrate mit bewässerten Kreisflächen) werden $12 \cdot 1{,}93$ ha = 23,16 ha nicht bewässert.
Pythagoras: $l = \sqrt{(3\,002 + 300^2)}$ m = 424,26 m

c) $t_C = \frac{5}{9}(t_F - 32)$; 59 °F $\triangleq$ 15 °C
“upper eighties” sind Temperaturen zwischen 85 °F und 89 °F, dies entspricht 29,4 °C bis 31,7 °C; im (deutschsprachigen) Wetterbericht würden etwa 30 °C bis 31 °C genannt.
Wasser siedet bei 100 °C, dies entspricht 212 °F.

78/79

d) – mit x = °F; y = °C: $y = \frac{5}{9}(x - 32)$ (1)

– Umrechnung von °C in °F : jetzt x = °C, y = °F ;
also x und y vertauscht.
Mögliche Rechenwege:
zuerst Gleichung (1) nach x auflösen, danach x und y vertauschen *oder*
zuerst x und y vertauschen, danach nach y auflösen *oder*
Gleichung der Geraden durch die Punkte B(–40|–40) und A′(0|32) bestimmen.
Ergebnis: $y = \frac{9}{5}x + 32$

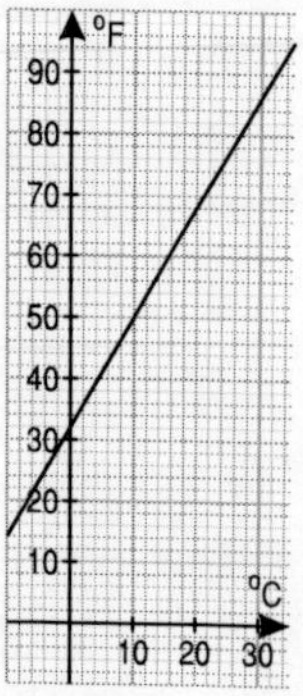

2. Spaghetti mit Tomatensoße

a) einige Möglichkeiten, um den Durchmesser der gezeichneten Kreislinie zu bestimmen:
Mit der Zirkelspitze auf einem Kreispunkt einen größeren Kreis suchen, der den ersten Kreis in einem Punkt berührt (nicht schneidet); diesen Radius dann mit dem Lineal messen.
Mittelpunkt des Kreises suchen: Durch 3 Punkte auf dem Kreis ein Dreieck zeichnen; auf jeder Seite die Mittelsenkrechte zeichnen, diese schneiden sich im Kreismittelpunkt (Umkreis). Durch den Kreismittelpunkt einen Durchmesser zeichnen und abmessen.
Durch zwei Kreispunkte A,C eine Strecke zeichnen, in Punkt C eine Senkrechte dazu zeichnen, diese schneidet Kreis in Punkt B. ABC ist ein rechtwinkliges Dreieck, nach dem Satz des Thales ist AB ein Durchmesser des Kreises.

b) Kreise 1, 2, 3, 4 geben Maß für 1, 2, 3, 4 Portionen Spaghetti an. Die Flächeninhalte der Kreise sind im Verhältnis 1 : 2 : 3 : 4 (da die Längen der Spaghetti als gleich vorausgesetzt werden, bedeutet doppelte Grundfläche eines „Spaghettizylinders“ doppeltes Volumen bzw. Volumen ist proportional zu Grundfläche).
Die Radien (und damit die Durchmesser) der Kreise verhalten sich dann wie $\sqrt{1} : \sqrt{2} : \sqrt{3} : \sqrt{4}$.
Damit: Kreis 1: $d_1 = 22$ mm
Kreis 2: $d_2 = 31{,}1$ mm
Kreis 3: $d_3 = 38{,}1$ mm
Kreis 4: $d_4 = 44$ mm

c) Nach 12 Minuten ist die Temperatur unter 43 °C gesunken.

3. Medizinischer Schnelltest

a) ca. 1 600 000 Personen (0,2 % von 80 Mio.)

b)

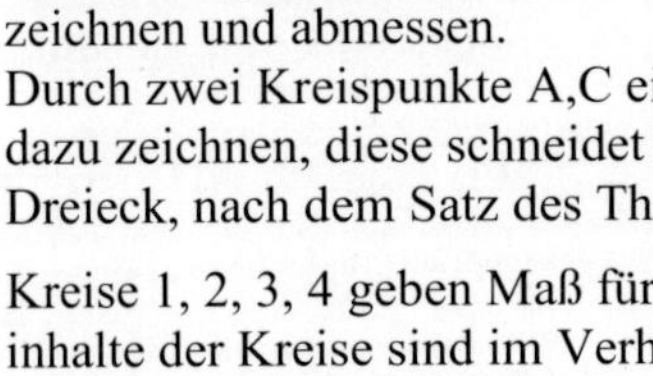

c) p(Ergebnis „+“) =
$0{,}02 \cdot 0{,}9 + 0{,}98 \cdot 0{,}05 =$
$0{,}067 = 6{,}7\ \%$

d) Vom Anteil 0,067 aller „+“ getesteten Personen sind 0,049 nicht erkrankt, nur 0,018 sind erkrankt.

p(krank, wenn Ergebnis +) = $\frac{0{,}018}{0{,}067} = 0{,}2687 = 26{,}87\ \%$.

Dies bedeutet umgekehrt: Wenn das Testergebnis positiv ist, ist die Wahrscheinlichkeit, dass die Person trotzdem nicht erkrankt ist, 73,13 %.

Bleib fit

80 1. a) 35 C b) 0,4 O c) 450 L d) 90 U

2. a) $x = 1, y = 12$ M B b) $x = -5, y = 0$ I A

3. a) $a = 6$ cm, $b = 3$ cm L U b) $A = 18\ \text{cm}^2$ N

4. a) $p = 67\ \%$ A b) $p = 33\ \%$ A

5. a) $A \approx 18{,}1\ \text{m}^2$; $u \approx 15{,}1$ m TL b) $d \approx 7$ cm; $A \approx 38{,}5\ \text{cm}^2$ AN

6. 3 275 € T

7. $y = 1{,}35x + 2{,}4$ I

8. $m = 9{,}5$ kg S

Lösung: Columbia, Luna, Atlantis

Hinführung zu Oberflächen- und Volumenformel der Kugel

81 1. a) Kugeloberfläche = Mantel des Zylinders mit gleichem Radius r und Höhe $h = 2r$; $O = 4\,\pi r^2$

b) Volumen Kugel = 4-mal Volumen Kegel mit gleichem Radius und Höhe $h = r$; $V = 4 \cdot \pi \cdot \frac{r^3}{3}$

c) –

2. Beide Körper haben die gleiche Grundfläche (Kreis mit Radius r) und gleiche Höhe r. Die Schnittflächen in der Höhe x sind links eine Kreisfläche mit $A_1 = \pi\,(r^2 - x^2)$ (s. Buch), rechts ein Kreisring mit Außenradius r und Innenradius z, $A_2 = \pi\,(r^2 - z^2)$. Betrachte den senkrechten Schnitt durch den Kegel: in diesem Dreieck ist die Grundseite (oben) 2r lang, die Höhe (= Höhe des Kegels) r. Teilt man dieses Dreieck in Höhe x, so entsteht ein dazu ähnliches kleines Dreieck mit Höhe x und Grundseite $2z = 2x$. Es ist also $z = x$, damit sind die beiden Flächen A_1 und A_2 gleich groß. Die beiden Körper haben also in jeder Höhe denselben Querschnittsflächeninhalt; nach dem Satz des Cavalieri haben sie dann dasselbe Volumen.
Beim archimedischen Restkörper lässt sich das Volumen bestimmen:

$V_{\text{Halbkugel}} = V_{\text{Zylinder}} - V_{\text{Kegel}} = \pi r^2 \cdot r - \frac{1}{3}\,\pi r^2 \cdot r = \frac{2}{3}\,\pi r^3.$

Damit $V_{\text{Kugel}} = \frac{4}{3}\,\pi r^3.$

3. Jörg und Sabine haben die Idee, die Kugel durch viele Pyramiden mit Höhe r anzunähern.
Jede Pyramide hat das Volumen $V = \frac{1}{3} \cdot G \cdot h = \frac{1}{3} \cdot G \cdot r$. Zusammen bilden sie das Kugelvolumen: $V_{\text{Kugel}} = \frac{4}{3}\,\pi r^3 = \frac{1}{3} \cdot (G + G + G \ldots + G) \cdot r$.
Die Grundflächen der Pyramiden zusammen bilden die Oberfläche der Kugel: $V_{\text{Kugel}} = \frac{1}{3} \cdot O \cdot r$. Löst man diese Formel auf nach O, so entsteht die Oberflächenformel für die Kugel:

$O = 3 \cdot \frac{V}{r} = 3 \cdot \frac{4}{3}\,\pi\,\frac{r^3}{r} = 4\,\pi r^2$

Oberfläche und Volumen der Kugel

82

1. a) $V = 113{,}1\ cm^3$; $O = 113{,}1\ cm^2$
   b) $V = 381{,}7\ cm^3$; $O = 254{,}5\ cm^2$
   c) $V = 62\,358{,}3\ mm^3$; $O = 7\,604{,}7\ cm^2$
   d) $V = 523{,}6\ cm^3$; $O = 314{,}2\ cm^2$
   e) $V = 11{,}49\ m^3$; $O = 24{,}63\ m^2$

2. a) 3,29 cm b) 88,3 cm c) 2,48 cm d) 2,26 dm

3. a) $1{,}77\ mm^3$ b) $239\ mm^3$ c) $36{,}62\ cm^3$ d) $5\,575{,}3\ cm^3$

4. $V = 641{,}43\ cm^3$; m = 5,04 kg (Fehler in Aufgabe; dies sind Kugeln für männliche Jugendliche; richtig: Durchmesser der Frauenkugel ist 9,9 cm; Masse 4 kg)

5. $V = 923{,}66\ cm^3$; d = 12,1 cm

6. $r_1 = 3$ cm: $V = 113{,}097\ cm^3$; V doppelt so groß: $r = \sqrt[3]{2} \cdot r_1 = 3{,}78$ cm;
   V doppelt so groß: $r = \sqrt[3]{8} \cdot r_1 = 2\,r_1 = 6$ cm

7. (Rund) 127 323 Kugeln erhält man.

8. d = 6 cm

9. a) $O = 928{,}2\ cm^2$ b) $1\,113{,}8\ cm^2$ Leder c) u = 59 cm

10. –

Zusammengesetzte und ausgehöhlte Körper

83

1. –

2. V = (1) $41\ cm^3$ (Zylinder plus Kegel)
   (2) $294\,449\ cm^3$ (Zylinder plus Halbkugel)
   (3) $684{,}8\ cm^3$ (Würfel plus Pyramide)
   (4) $13\,948{,}7\ cm^3$ (Zylinder plus Kegel)
   (5) $4\,932{,}3\ cm^3$ (Kegel groß minus Kegel klein)
   (6) $159{,}5\ cm^3$ (Würfel minus Kegel)
   (7) $2\,077{,}6\ cm^3$ (Zylinder minus zwei Halbkugeln)
   (8) $34\,708{,}3\ cm^3$ (Würfel minus Pyramide)

3. O = (1) $65{,}8\ cm^2$ (Kreis plus Zylindermantel plus Kegelmantel)
   (2) $27\,322{,}4\ cm^2$ (Kreis plus Zylindermantel plus Kreisring plus Halbkugel)
   (3) $464\ cm^2$ (5 Quadrate plus Pyramidenmantel)
   (4) $3\,759{,}8\ cm^2$ (Kreis plus Zylindermantel plus Kreisring plus Kegelmantel)
   (5) $2\,508{,}1\ cm^2$ (Kreisring plus Kegelmantel groß plus Kegelmantel klein)
   (6) $250{,}9\ cm^2$ (5 Quadrate plus Quadrat minus Kreis plus Kegelmantel)
   (7) $1\,859{,}8\ cm^2$ (Zylindermantel plus 2 Halbkugeln)
   (8) $7\,985{,}3\ cm^2$ (5 Quadrate plus Pyramidenmantel)

4. –

5. –

Vermischte Aufgaben

84 1. a) $O \approx 50\ m^2$ b) $r \approx 2\ m$

2. a) $d = 8$ cm b) $d = 3{,}3$ cm; $\left[d = \sqrt{2 \cdot 8^2} - 8\right]$

3. Beide Flächen sind gleich groß: Kugeloberfläche $O = 4\pi r^2$; Zylinderoberfläche $O = 2\pi r \cdot h = = 4\ \pi r^2$ (da $h = 2r$).

4. Der Radius wird a) vergrößert mit dem Faktor $\sqrt{2}$,
   b) vergrößert mit dem Faktor $\sqrt{3}$,
   c) halbiert,
   d) verdreifacht.

5. innere Oberfläche: $3\,619\ m^2$

6. a) $M = 2{,}86\ m^2$ b) $V = 0{,}64\ m^3$

7. 45 Portionen können verteilt werden.

8. a) $V_{(Kegel)} < V_{(Halbkugel)} < V_{(Zylinder)}$; $V_{(Zylinder)} - V_{(Kegel)} = V_{(Halbkugel)}$
   (vgl. S. 81, Aufgabe 2)
   b) $V_{(Halbkugel)} = 262\ cm^3$; $V_{(Kegel)} = 131\ cm^3$; $V_{(Zylinder)} = 393\ cm^3$

9. a) angezeigte Wassermenge $109{,}8\ cm^3$
   b) ca. 6 weitere Kugeln

10. $V_{Tropfen} = 33{,}5\ mm^3$; Dicke der Ölschicht ca. 7,4 µm

85 11. Höhe des Autos 1,44 m; im Bild: 4 mm; Höhe des Sandhaufens: ca. 5 m
    Radius $r \approx 7{,}20$ m; $V \approx 270\ m^3$
    Vorrätig ist die doppelte Menge: $540\ m^3$ Sand

12. a) $V = 386{,}2\ cm^3$; $O = 318{,}1\ cm^2$
    b) $V = 3\,439\ cm^3$; $O = 1\,238{,}4\ cm^2$
    c) $V = 96\ cm^3$; $O = 120\ cm^2$

13.

	Teilkörper	Volumen V	Oberfläche O
a)	Halbkugel, Radius 2,5 cm; Zylinder, Radius 2,5 cm, Höhe 6,3 cm; Kegel, Radius 2,5 cm, Höhe 5,9 cm	$195{,}0\ cm^3$	$188{,}6\ cm^2$
b)	Würfel, Kantenlänge 5 cm; quadratische Pyramide, a = 5 cm, Höhe 5 cm	$166{,}7\ cm^3$	$180{,}9\ cm^3$
c)	Würfel, Kanten 3 cm; ausgehöhlt Halbkugel, Radius 1,5 cm	$19{,}9\ cm^3$	$61{,}1\ cm^2$
d)	Halbkugel, Radius 46 mm; ausgehöhlt Halbkugel Radius 36 mm	$106{,}1\ cm^3$	$240{,}1\ cm^2$

85

14. Ein Kegel mit der dreifachen Höhe hat das gleiche Volumen wie ein Zylinder gleicher Grundfläche. Begründung:
$V_{Kegel} = V_{Zyl.} \rightarrow \frac{1}{3} \cdot G \cdot h_{Kegel} = G \cdot h_{Zyl.} \rightarrow h_{Kegel} = 3 \cdot h_{Zyl.}$
Der Kegel ist also 96 cm hoch.

15. $O_{Würfel} = 6\ m^2 > O_{Kugel} \approx 4{,}83\ m^2$

16. a) gemessen: Breite 1,5 cm; Höhe 4,8 cm; Höhe Mensch 2,2 cm; geschätzte Größe Mensch: 1,70 m; berechnete Maße Litfasssäule: Höhe 3,71 m; Breite 1,16 m; $V = 3{,}9\ m^3$; $M = 13{,}5\ m^2$
b) gemessen: Breite 3,2 cm; Höhe 4 cm; Durchmesser Münze: 0,7 cm; wahrer Durchmesser Münze: 2,3 cm; berechnete Maße Dose: Höhe 13,1 cm; Durchmesser 10,5 cm; $V = 1\ 134{,}3\ cm^3$; $M = 432{,}1\ cm^2$
c) gemessen: Durchmesser 3,7 cm; Höhe (bis Kegelspitze) 3,0 cm; Seitenkante 3,5 cm; Größe Mensch (Person ganz links und Person in der Mitte) 1,4 cm; geschätzte Größe Mensch: 1,70 m; berechnete Maße Kegel: Radius 2,25 m; Höhe 3,64 m; $s = 4{,}25$ m; $V = 19{,}3\ m^2$; $M = 30{,}04\ m^2$

Wassertürme

86

1. Zylinder $r_A = 2{,}50$ m; $r_I = 2{,}25$ m; $h = 33$ m; $V = 123{,}11\ m^3$ Beton

2. a) Kegelstumpf: $r_1 = 13{,}25$ m; $r_2 = 2{,}25$ m; $h^2 = 16^2 - (r_1 - r_2)^2$; $h = 11{,}6$ m; $V = 2\ 556{,}3\ m^3$
b) 196 Familien

3. äußerer Kegelstumpf: $r_1 = 13{,}5$ m, $r_2 = 2{,}5$ m, $h = 11{,}6$ m; $V_A = 2\ 699{,}8\ m^3$
innerer Kegelstumpf: $V_I = 2\ 556{,}3\ m^3$ (s. Aufgabe 2)
insgesamt: $V = 143{,}5\ m^3$ Beton

4. Gesamthöhe des Turms 38,5 m (genau; Schätzungen können abweichend sein)
a) Plane: 3 Teilzylinder; Maße unten (aus Bild geschätzt): $r_1 = 4{,}9$ m, $h_1 = 3{,}5$ m; Mitte: $r_2 = 6$ m, $h_2 = 7$ m; Spitze: $r_3 = 0{,}7$ m; $h_3 = 2{,}1$ m; daraus Fläche der Plane (Zylindermäntel plus Kreisringe „dazwischen“ + Kreis auf Spitze) $O \approx 532\ m^2$
b) Volumen (oberer Teil, Kessel): Zylinder mit $r = 6$ m, $h = 7$ m; $V \approx 791{,}7\ m^3$.

5. –

4 Potenzen und Wurzeln

89 Wettbewerb im Potenzieren:
Die größtmögliche Zahl geschrieben mit 3 Neunen ist $9^{(9^9)}$. Diese Zahl hat rund 369 700 000 Ziffern. Bei einem Platz von 2 mm pro Ziffer ist diese Zahl 739,4 km lang.

Mega: Vorfaktor $10^6 = 1\,000 \cdot 1\,000 = 1\,000\,000$
Giga: Vorfaktor $10^9 = 1\,000 \cdot 1\,000 \cdot 1000 = 1\,000\,000\,000$
Tera: Vorfaktor $10^{12} = 1\,000 \cdot 1\,000 \cdot 1\,000 \cdot 1\,000 = 1\,000\,000\,000\,000$

Potenzen

90 1. a) $5^3 = 125$ b) $2^9 = 512$ c) $10^6 = 1\,000\,000$ d) $5^2 = 25$ und $2^5 = 32$

2. a) $4 \cdot 4 \cdot 4 = 64$ b) $3 \cdot 3 \cdot 3 \cdot 3 = 81$ c) $2 \cdot 2 \cdot 2 \cdot 2 \cdot 2 = 32$
d) $(-1) \cdot (-1) \cdot (-1) \cdot (-1) \cdot (-1) \cdot (-1) = 1$ e) $(-2) \cdot (-2) \cdot (-2) = -8$
f) $(\frac{1}{4}) \cdot (\frac{1}{4}) = \frac{1}{16}$ g) $(\frac{2}{3}) \cdot (\frac{2}{3}) \cdot (\frac{2}{3}) = \frac{8}{27}$ h) $0{,}1 \cdot 0{,}1 \cdot 0{,}1 \cdot 0{,}1 = 0{,}0001$
i) $0{,}2 \cdot 0{,}2 \cdot 0{,}2 \cdot 0{,}2 = 0{,}0016$ j) $0{,}5 \cdot 0{,}5 \cdot 0{,}5 = 0{,}125$

3. a) 16 b) 49 c) 0 d) 27 e) 400
f) 1 000 000 g) 0,001 h) 0,16 i) 0,01 j) $\frac{9}{16}$

4. a) $64 = 8^2 = 4^3 = 2^6$ b) $81 = 9^2 = 3^4$ c) $625 = 25^2 = 5^4$
d) $1\,000\,000 = 1\,000^2 = 100^3 = 10^6$ e) $\frac{1}{10\,000} = (\frac{1}{100})^2 = (\frac{1}{10})^4$
f) $\frac{1}{16} = (\frac{1}{4})^2 = (\frac{1}{2})^4$

5. a) $-3^4 = -81$; $(-3)^4 = 81$ b) $(-2)^5 = -32$; $-2^5 = -32$
c) $3 \cdot 7^2 = 147$; $(3 \cdot 7)^2 = 441$ d) $4 \cdot 5^3 = 500$; $(4 \cdot 5)^3 = 8\,000$
e) $2 + 2^5 = 34$; $(2 + 2)^5 = 1024$ f) $-5 + 15 \cdot 2^3 = 115$; $-(5 + 15) \cdot 2^3 = -160$

6. (1) falsch, $2^5 = 32$ (2) falsch, $0{,}1^3 = 0{,}001$
(3) richtig; $2^4 = 4^2 = 16$ (4) falsch, $5^3 = 125$; $3^5 = 243$
(5) falsch, $(-8)^2 = 64$ (6) falsch, $(\frac{2}{3})^2 = \frac{4}{9}$
(7) falsch, $0{,}6^2 = 0{,}36$ (8) falsch, $12^2 = 144$
(9) falsch, $1^9 = 1$ (10) richtig

7. a) 6 859 b) 524 288 c) –3 125 d) 59 049 e) 0,4096
f) 11,390625 g) 1 158,56201 h) 14 115,8161

8. a) $5^3 = 125$ b) $3^4 = 81$ c) $2^6 = 64$ d) $10^4 = 10\,000$
e) $1^4 = (-1)^4 = 1$ f) $0^5 = 0$ g) $8^3 = 512$ h) $4^5 = 1\,024$
i) $0{,}3^3 = 0{,}027$ j) $0{,}2^4 = (-0{,}2)^4 = 0{,}0016$

9. a) $(14 =)\ 7 \cdot 2 < 7^2\ (= 49)$ b) $(100 =)\ 10^2 < 2^{10}\ (= 1\,024)$
c) $(\frac{1}{2})^2 = \frac{1}{2} \cdot \frac{1}{2}\ (= \frac{1}{4})$ d) $(0{,}49 =)\ 0{,}7^2 > 0{,}7^3\ (= 0{,}343)$
e) $(800 =)\ 8 \cdot 10^2 = 0{,}8 \cdot 10^3\ (= 800)$

90 10. hier die jeweils nächstmöglichen Potenzen mit einer Basis zwischen 2 und 10:
(1) $100 = 10^2$ (2) $6^3 = 216$ (3) $2^9 = 8^3 = 512$ (4) $2^{10} = 4^5 = 1024$
(5) $2^{12} = 4^6 = 8^3 = 4\,096$ (6) $2^{13} = 8\,192$; $10^4 = 10\,000$
(7) $7^6 = 117\,649$; $10^5 = 100\,000$ (8) $2^{20} = 4^{10} = 1\,048\,576$

11. Man kann die Zielzahl 49 000 nicht mit Potenzen 2^n, 3^n, 5^n, 7^n genau erreichen; verschiedene Begründungen möglich:
- 49 000 liegt immer zwischen den Potenzen:
$2^{15} < 49\,000 < 2^{16}$, $3^9 < 49\,000 < 3^{10}$, $5^6 < 49\,000 < 5^7$ und $7^5 < 49\,000 < 7^6$
- Potenzen von 2 enden immer auf eine der Ziffern 2,4,8,6, nie auf 0; Potenzen von 3 enden immer auf eine der Ziffern 3, 9, 7, 1, nie auf 0; Potenzen von 5 enden immer auf Ziffer 5, nie auf 0; Potenzen von 7 enden immer auf eine der Ziffern 7, 9, 3, 1; nie auf 0.
- Zerlegung von 49 000 in Primfaktoren: $49\,000 = 2 \cdot 2 \cdot 2 \cdot 5 \cdot 5 \cdot 5 \cdot 7 \cdot 7$; daraus lassen sich alle möglichen *Produkte von Potenzen* finden:
$49\,000 = 2^3 \cdot 5^3 \cdot 7^2 = (2 \cdot 5)^3 \cdot 7^2 = (2 \cdot 5) \cdot (2 \cdot 5 \cdot 7)^2 = 2^3 \cdot 5 \cdot (5 \cdot 7)^2 = \ldots$

Potenzen mit negativen Exponenten

91 1. a)

2^4	=	16
2^3	=	9
2^2	=	4
2^1	=	2
2^0	=	0
2^{-1}	=	$\frac{1}{2}$
2^{-2}	=	$\frac{1}{4}$

10^4	=	10 000
10^3	=	1 000
10^2	=	100
10^1	=	10
10^0	=	1
10^{-1}	=	$\frac{1}{10}$
10^{-2}	=	$\frac{1}{100}$

In der linken Spalte wird vom Exponenten (der Hochzahl) von Zeile zu Zeile 1 subtrahiert, es treten dann auch Exponenten mit negativem Vorzeichen auf. In der rechten Spalte wird jeweils durch 2 bzw. durch 10 dividiert, bei den negativen Exponenten entstehen in der rechten Spalte Brüche. So ist z. B. $2^{-2} = \frac{1}{4} = \frac{1}{2^2}$; $10^{-1} = \frac{1}{10} = \frac{1}{10^1}$

b) –

c) $2^{-3} = 2^{-2} : 2 = \frac{1}{2^3} = \frac{1}{8}$; $10^{-3} = 10^{-2} : 10 = \frac{1}{10^3} = \frac{1}{1\,000}$;
$5^{-3} = 5^{-2} : 5 = \frac{1}{5^3} = \frac{1}{125}$; $3^0 = 3 : 3 = \frac{1}{3^0} = 1$

d) Die Reihe kann nur mit der Definition der Potenzen (mit positivem Exponenten) angegeben werden:
$0^3 = 0 \cdot 0 \cdot 0 = 0$, usw. Nach dem obigen Schema kann keine Potenz berechnet werden, da man nicht durch 0 dividieren darf. Es existieren nur Potenzen $0^1, 0^2, 0^3, 0^4, \ldots$; die Terme $0^0, 0^{-1}, 0^{-2}, 0^{-3}, \ldots$ existieren nicht.

2. a) $9^5 = 59\,049$; $9^4 = 6\,561$; $9^3 = 729$; $9^2 = 81$; $9^1 = 9$; $9^0 = 1$; $9^{-1} = \frac{1}{9} = 0{,}1111\ldots$;
$9^{-2} = \frac{1}{81} = 0{,}01234\ldots$; $9^{-3} = \frac{1}{729} = 0{,}00137\ldots$; $9^{-4} = \frac{1}{6\,561} = 0{,}000152\ldots$;
$9^{-5} = \frac{1}{59\,049} = 0{,}0000169\ldots$

b) $(\frac{1}{3})^4 = \frac{1}{81} = 0{,}01234\ldots$; $(\frac{1}{3})^3 = \frac{1}{27} = 0{,}037037\ldots$; $(\frac{1}{3})^2 = \frac{1}{9} = 0{,}111\ldots$;
$(\frac{1}{3})^1 = \frac{1}{3} = 0{,}333\ldots$; $(\frac{1}{3})^0 = 1$; $(\frac{1}{3})^{-1} = 3$; $(\frac{1}{3})^{-2} = 9$; $(\frac{1}{3})^{-3} = 27$; $(\frac{1}{3})^{-4} = 81$

91 c) $2{,}4^4 = 33{,}1776$; $2{,}4^3 = 13{,}824$; $2{,}4^2 = 5{,}76$; $2{,}4^1 = 2{,}4$; $2{,}4^0 = 1$;
$2{,}4^{-1} = 0{,}41666\ldots$; $2{,}4^{-2} = 0{,}1736111\ldots$; $2{,}4^{-3} = 0{,}072337\ldots$;
$2{,}4^{-4} = 0{,}0301408\ldots$

3. a) $5^{-2} = \frac{1}{5^2} = \frac{1}{25}$ b) $2^{-2} = \frac{1}{2^2} = \frac{1}{4}$ c) $10^{-6} = \frac{1}{10^6} = \frac{1}{1\,000\,000}$
d) $(-10)^{-3} = \frac{1}{(-10)^3} = \frac{1}{1\,000}$ e) $3^{-4} = \frac{1}{3^4} = \frac{1}{81}$ f) $12^{-2} = \frac{1}{12^2} = \frac{1}{144}$
g) $(-5)^{-4} = \frac{1}{(-5)^4} = -\frac{1}{625}$ h) $(\frac{1}{4})^{-2} = 4^2 = 16$ i) $(\frac{1}{10})^{-4} = 10^4 = 10\,000$

4. $3^{-2} = \frac{1}{9}$ $2^{-3} = \frac{1}{8}$ $10^{-5} = \frac{1}{100\,000}$ $4^{-3} = \frac{1}{64}$
$7^{-2} = \frac{1}{49}$ $20^{-2} = \frac{1}{400}$ $30^{-1} = \frac{1}{30}$

5. a) $(\frac{1}{32} =)\ 2^{-5} > 6^{-2}\ (= \frac{1}{36})$ b) $(\frac{1}{625} =)\ 5^{-4} > 4^{-5} (= \frac{1}{1\,024})$ c) $(\frac{1}{81} =)\ 9^{-2} = 3^{-4}$
d) $(\frac{1}{1\,000} =)\ 10^{-3} > 11^{-3}\ (= \frac{1}{1331})$ e) $(\frac{1}{400} =)\ 20^{-2} > 2^{-20}\ (= \frac{1}{1\,048\,576})$

6. a) $x = 3$ b) $x = 10$ c) $x = 5$ d) $x = \frac{1}{8}$ e) $x = \frac{1}{2}$

7. a) negativ sind -2^4 und -2^{-4}, alle anderen angegebenen Potenzen sind positiv.
($2^4 = 16$; $2^{-4} = 0{,}0625$; $-2^4 = -16$; $-2^{-4} = -0{,}0625$; $(-2)^4 = 16$; $(-2)^{-4} = 0{,}0625$)
b) negativ sind -4^3; -4^{-3}; $(-4)^3$ und $(-4)^{-3}$; positiv sind 4^3 und 4^{-3}.
($4^3 = 64$; $4^{-3} = 0{,}016$; $-4^3 = -64$; $-4^{-3} = -0{,}016$; $(-4)^3 = -64$; $(-4)^{-3} = -0{,}016$)

8. a) $2^2 = 4$ b) 1 c) $3^{-5} = \frac{1}{243} = 0{,}004115\ldots$ d) $\frac{1}{100} \cdot \frac{1}{4} = 0{,}0025$
e) $\frac{1}{10} \cdot 343 = 34{,}3$ f) $512 \cdot \frac{1}{1\,000} = 0{,}512$ g) $\frac{1}{36} \cdot \frac{1}{8} = \frac{1}{288} = 0{,}0034722\ldots$
h) $81 \cdot \frac{1}{27} = 3$

9. a) 3 000 b) 768 c) 9 d) 312,5 e) 625 f) 8

10. a) 25 b) 16 c) 10 000 d) 8 e) 1 000 000 f) 312 500 000

Standardschreibweise

92 1.

$6\,000\,000 \cdot 10 = 60\,000\,000$	$8:10 = 0{,}8$	$999^2 = 998\,001$	$0{,}2^2 = 0{,}04$
$6\,000\,000 \cdot 100 = 600\,000\,000$	$8:100 = 0{,}08$	$999^3 = 997\,002\,999$	$0{,}2^3 = 0{,}008$
$6\,000\,000 \cdot 1\,000 = 6\,000\,000\,000$	$8:1\,000 = 0{,}008$	$999^4 = 9{,}96\text{E}11$	$0{,}2^4 = 0{,}0016$
$6\,000\,000 \cdot 10\,000 = 60\,000\,000\,000$	$8:10\,000 = 0{,}0008$	$999^5 = 9{,}95\text{E}14$	$0{,}2^5 = 3{,}2\text{E} - 4$
$6\,000\,000 \cdot 100\,000 = 600\,000\,000\,000$	$8:100\,000 = 0{,}00008$	$999^6 = 9{,}94\text{E}17$	$0{,}2^6 = 6{,}4\text{E} - 5$

Wenn eine Zahl zu groß zum Anzeigen ist, so wird sie als Produkt einer Zahl zwischen1 und 10 und einer Zehnerpotenz dargestellt. Diese wird in der TR-Anzeige meist durch „E“ symbolisiert. Dabei bedeutet z. B. $6{,}4\text{E} - 5 = 6{,}4 \cdot 10^{-5} = 0{,}000064$

92 2. a) $100 = 10^2$ b) $100\,000 = 10^5$ c) $10\,000\,000 = 10^7$ d) $100\,000\,000\,000 = 10^{11}$

e) $0{,}01 = \frac{1}{100} = 10^{-2}$ f) $0{,}0001 = \frac{1}{10\,000} = 10^{-4}$

g) $0{,}000001 = \frac{1}{1\,000\,000} = 10^{-6}$ h) $0{,}0000000001 = \frac{1}{10\,000\,000\,000} = 10^{-10}$

3.

atto		10^{-18}	0,000000000000000001	1 Trillionstel
femto		10^{-15}	0,000000000000001	1 Billiardstel
pico	p	10^{-12}	0,000000000001	1 Billionstel
nano	n	10^{-9}	0,000000001	1 Milliardstel
mikro	µ	10^{-6}	0,000001	1 Millionstel
milli	m	10^{-3}	0,001	1 Tausendstel
centi	c	10^{-2}	0,01	1 Hundertstel
dezi	d	10^{-1}	0,1	1 Zehntel
–		10^{0}	1	Eins
deka		10^{1}	10	Zehn
hekto		10^{2}	100	1 Hundert
kilo	k	10^{3}	1000	1 Tausend
Mega	M	10^{6}	1000000	1 Million
Giga	G	10^{9}	1000000000	1 Milliarde
Tera	T	10^{12}	1000000000000	1 Billion
Peta		10^{15}	1000000000000000	1 Billiarde
Exa		10^{18}	1000000000000000000	1 Trillion

4. a) 40 Megameter $= 40 \cdot 10^6$ m $= 40 \cdot 10^3$ km $= 40\,000$ km; dies ist die ungefähre Länge des Äquators.

b) Sie würde die Entfernung mit 150 Gigametern angeben (150 Mio. km $= 150 \cdot 10^6$ km $= 150 \cdot 10^6 \cdot 10^3$ m $= 150 \cdot 10^9$ m $= 150$ Gm)

5. a) $5{,}7 \cdot 10^6$ b) $6{,}72 \cdot 10^7$ c) $5{,}83 \cdot 10^5$ d) $2 \cdot 10^{-4}$ e) $7{,}8 \cdot 10^{-6}$ f) $9{,}87 \cdot 10^{-5}$

6. a) 750 000 b) 12 000 000 c) 4 950 000 d) 0,0000002
e) 0,00038 f) 0,000000000582

7. (1) 987,6 (2) 98 760 (3) 987 600 (4) 98,76
$98{,}76 < 987{,}6 < 98\,760 < 987\,600$

8. 8,1 Millionen $= 8{,}1 \cdot 10^6 = 8\,100\,000$
81 Millionstel $= 8{,}1 \cdot 10^{-5} = \frac{81}{1\,000\,000} = 0{,}000081$
81 Milliarden $= 8{,}1 \cdot 10^{10} = 81\,000\,000\,000$
81 Tausendstel $= 8{,}1 \cdot 10^{-2} = \frac{81}{1\,000} = 0{,}081$
8,1 Millionstel $= 8{,}1 \cdot 10^{-6} = \frac{8{,}1}{1\,000\,000} = 0{,}0000081$

Vermischte Aufgaben

93 1. a) 2^7 b) $2^{10} = (-2)^{10} = 4^5$ c) 5^3 d) $10^{-4} = (-10)^{-4} = 100^{-2} = (\frac{1}{100})^2$
e) $(\frac{7}{10})^2$ f) $(\frac{9}{16})^2 = (\frac{3}{4})^4$ g) $10^9 = 1\,000^3$

2. a) 1 b) –128 c) –125 d) –0,008 e) $\frac{1}{256}$ f) $-\frac{8}{125}$ g) 0,000001

93 3. a) 13 250,485… ≈ 13 300 b) 734 397,7575… ≈ 734 000

4.

		Gerundet auf Zehntel	Gerundet auf 4 geltende Ziffern
(1) $7{,}58^9$ =	82 608 141,32…	82 608 141,3	82 610 000
(2) $0{,}417^8$ =	0,000 914 299…	0,0	0,009143

Beim Runden auf Zehntel ist das erste Ergebnis sehr genau. Das Zweite jedoch ist wegen des Rundens sehr ungenau, da die Ziffern ungleich 0 erst 4 Stellen nach dem Komma auftauchen.

Runden auf geltende Ziffern ist vor allem bei sehr kleinen Zahlen sinnvoll, oder wenn nur die Größenordnung von Interesse ist. In Beispiel (2) wird deutlich, was geltende Ziffern sind. Beim Runden auf Zehntel oder Hundertstel ergibt sich immer 0; erst 4 Stellen nach dem Komma erscheint eine Ziffer ungleich 0. Sie kann eine Tendenz des genauen Ergebnisses der Aufgabe andeuten.

5. a) n = 13 b) n = 6 c) n = 11 d) n = 9 e) n = 3

6. a) $2^{19} = 524\,288$; $2^{20} = 1\,048\,576$; 2^{20} liegt dichter an 1 Mio.
b) 3^{19} (= 1 162 261 467)
c) $8^4 = 4\,096$

7. a) $4{,}9^4 \cdot 1{,}99^{-3} \approx 5^4 \cdot 2^{-3} = 625 : 8$; dies ist kleiner als 100, auf jeden Fall kleiner als 500. $4{,}9^4 \cdot 1{,}99^{-3} < 500$
b) Es ist $6{,}4^8 < 7^8 = (7^2)^4 = 49^4 < 52{,}7^4$; $6{,}4^8 < 52{,}7^4$
c) $0{,}47 < 1$, dann auch $0{,}47^6 < 1$; $1{,}92 > 1$, damit auch $1{,}92^5 > 1$; $0{,}47^6 < 1{,}92^5$

8.

a) $8\,000 = 20^3$	b) $-27 = (-3)^3$	c) $81 = 3^4 = (-3)^4$
d) $343 = 7^3$	e) $32 = 2^5$	f) $10\,000 = 10^4 = (-10)^4$
g) $-32 = (-2)^5$	h) $1 = 1^4 = (-1)^4$	i) $-1\,000 = (-10)^3$
j) $625 = 5^4 = (-5)^4$	k) $1\,024 = 2^{10} = (-2)^{10}$	l) $0 = 0^3$
m) $-1 = (-1)^5$	n) $1\,331 = 11^3$	o) $169 = 13^2 = (-13)^2$

9. a) 6^{-2} b) $9^{-2} = 3^{-4}$ c) $8^{-2} = 4^{-4}$ d) 5^{-3} e) $16^{-2} = 4^{-4}$ f) $10^{-6} = 100^{-3}$

10. a) 2^{-3} b) 2^{-1} c) 3^{-2} (auch $(-3)^{-2}$) d) 10^{-3} e) 5^{-3} f) 2^0

11. a) $10^{-3} = (\frac{1}{10})^3 < 1$ b) $(\frac{1}{3})^2 < 1$ c) $\frac{1}{7^2} < 1$ d) $0{,}5^{-4} = (\frac{1}{0{,}5})^4 = 2^4 > 1$
e) $(-2)^6 = 2^6 > 1$ f) $(-40)^3 = -40^3 < 0$, also erst recht < 1.
Für den Betrag gilt aber: $|(-40)^3| > 1$
g) $\frac{1}{5^{-2}} = 5^2 > 1$ h) $(-0{,}1)^{-6} = (0{,}1)^{-6} = (\frac{1}{10})^{-6} = 10^6 > 1$

12. a) $\frac{3^8}{9^3} = 9$ b) $\frac{6^3}{4^3} = 3{,}375$ c) $\frac{2^{10}}{4^4} = 4$ d) $\frac{19^0}{15^2} = \frac{1}{225} = 0{,}004$
e) $\frac{8^3}{10^5} = \frac{512}{100\,000} = 0{,}00512$ f) $\frac{1}{2^3} \cdot \frac{1}{5^3} = \frac{1}{(2^3 \cdot 5^3)} = 0{,}001$
g) $\frac{16^3}{2^{12}} = 1$ h) $\frac{7^3}{10^4} = 0{,}0343$

93

13. 4,5 Milliarden = $4{,}5 \cdot 10^9$ S
4,5 Millionen = $4{,}5 \cdot 10^6$ Y
2,3 Milliarden = $2{,}3 \cdot 10^9$ D
0,23 Millionen = $2{,}3 \cdot 10^5$ N
4,5 Tausend = $4{,}5 \cdot 10^3$ E
2,3 Billionen = $2{,}3 \cdot 10^{12}$ Y

94

14. a) 6 900 000 000 Menschen b) 60 000 000 000 000 Zellen c) 510 000 000 km^2

15. a) 384 000 km = $3{,}84 \cdot 10^5$ km b) 0,00002 cm = $2 \cdot 10^{-5}$ cm
c) 0,00000001 cm = $1 \cdot 10^{-8}$ cm

16. Sein Haar wächst in einem Jahr $365 \cdot 3{,}3 \cdot 10^{-4}$ m = 0,12045 m = 12,045 cm

17. Beispiele: a) $4{,}8 \cdot 10^{12} = 4\,800 \cdot 10^9$ b) $9{,}0427 \cdot 10^{10} = 90\,427 \cdot 10^6$
c) $7{,}1 \cdot 10^{-8} = 71 \cdot 10^{-9} = 71 : 10^9$ d) $2{,}468 \cdot 10^{-13} = 2468 \cdot 10^{-16} = 2\,468 : 10^{16}$

18. a) $1{,}9 \cdot 10^8$ b) $1{,}7 \cdot 10^7$ c) $1{,}5 \cdot 10^8$ d) $1{,}7 \cdot 10^5$
e) $1{,}6 \cdot 10^{-2}$ f) $2{,}6 \cdot 10^{-9}$ g) $1{,}2 \cdot 10^{-7}$ h) $1{,}2 \cdot 10^{-5}$

19. a) $2 \cdot 10^7$ b) $2{,}1 \cdot 10^6$ c) $3{,}2 \cdot 10^{-2}$ d) $1{,}44 \cdot 10^{10}$
e) $5{,}852 \cdot 10^7$ f) $1{,}407 \cdot 10^{-5}$ g) $4{,}78 \cdot 10^6$ h) $5 \cdot 10^{-9}$

20. a) 1 000 000 000 000 km^3 = eine Billion Kubikkilometer
b) 850 000 000 Hz = 850 000 KHz = 850 Mhz
c) 400 nm = $400 \cdot 10^{-9}$ m = $4 \cdot 10^{-7}$ m, 700 nm = $7 \cdot 10^{-7}$ m; rotes Licht hat knapp die doppelte Wellenlänge wie violettes Licht.
d) Zum Mars wäre sie (bei konstanter Höchstgeschwindigkeit) zwischen 2 074,1 Stunden (= 86,4 Tage) und 14 814,8 Stunden (= 617,3 Tage) unterwegs gewesen.

21. Merkur: 733,3 s = 12,2 min
Mars: 1333,3 s = 22,2 min
Jupiter: 3223,3 s = 53,7 min
Saturn: 5526,7 s = 92,1 min

Bleib FIT!

95

1. a) x = 4,5 A b) x = –112 M c) x = 2 U d) x = 18 N

2. a) 27 D b) 29 S c) 25% E

3. y = –2x – 3 passt am besten. N

4. a) V = 305 cm^3 H b) 0 = 251 cm^2 I

5. a) b = 48 cm L b) d = 60 cm L

6. a) A = 148,8 cm^2 A b) A = 40,7 cm^2 R

7. 4 Lkws müssten 6-mal fahren. Y
Lösung: Amundsen, Hillary

Multiplikation und Division von Potenzen

96 1. Expertengruppe 1: Für die Multiplikation und Division von Potenzen mit gleicher Basis gilt: $a^n \cdot a^m = a^{n+m}$ bzw. $a^n : a^m = a^{n-m}$.
Expertengruppe 2: Für die Multiplikation und Division von Potenzen mit gleichen Exponenten gilt: $a^n \cdot b^n = (a \cdot b)^n$ bzw. $a^n : b^n = \left(\frac{a}{b}\right)^n = (a : b)^n$
Expertengruppe 3: Für das Potenzieren von Potenzen gilt: $(a^n)^m = a^{n \cdot m}$
Genaue Regeln siehe S. 97 im Schülerband.

2. a) –
b) ① Regel 1: $3^4 \cdot 3^4 = 3^{(4+4)} = 3^8 = 6\,561$
Regel 2: $3^4 \cdot 3^4 = (3 \cdot 3)^4 = 9^4 = 6\,561$
Regel 3: $3^4 \cdot 3^4 = (3^4)^2 = 3^8 = 6\,561$
② Regel 1: $5^6 : 5^6 = 5^{(6-6)} = 5^0 = 1$
Regel 2: $5^6 : 5^6 = (5 : 5)^6 = 1^6 = 1$
③ Regel 3: $(2^3)^3 = 2^{3 \cdot 3} = 2^9 = 512$

3. Für die Addition und Subtraktion von Potenzen gibt es keine Regeln, die das Rechnen vereinfachen. Man berechnet zuerst Klammern, dann Potenzen.
a) 150 b) 43 c) 224 d) 23 e) 4 032 f) 240

4. Lauras „Regel“ ist falsch. Gegenbeispiel: $(3 \cdot 4)^{2 \cdot 3} = (3 \cdot 4)^6 = 3^6 \cdot 4^6 \neq 3^3 \cdot 4^3$
Claras „Regel“ ist falsch. Gegenbeispiel: $3^2 \cdot 3^2 = 3^4$ aber $(2 \cdot 3)^2 = 2^2 \cdot 3^2 \neq 3^4$.
Robins „Regel“ ist falsch. Gegenbeispiel: $3^2 \cdot 3^4 = 3^{(2+4)} = 3^6 \neq 3^8$.

Potenzgesetze

97 1. a) $3^7 = 2\,187$; b) $4^1 = 4$ c) $5^4 = 625$ d) $10^3 = 1\,000$
e) $(\frac{1}{2})^5 = \frac{1}{32}$ f) $2^3 = 8$ g) $4^{-5} = \frac{1}{4^5} = \frac{1}{1\,024}$ h) $7^7 = 823\,543$
i) $5^{-1} = 0{,}2$ j) $8^3 = 512$ k) $6^2 = 36$ l) $0{,}8^4 = 0{,}4096$
m) $7^{-5} = \frac{1}{16\,807}$ n) $3^3 = 27$

2. a) $2^{10} = 1\,024$ b) $3^6 = 729$
c) $4^{-4} = \frac{1}{256}$ d) $10^{12} = 1\,000\,000\,000\,000$
e) $10^{-8} = \frac{1}{100\,000\,000}$ f) $5^{-3} = \frac{1}{125}$
g) $5^4 = 625$ h) $3^8 = 6\,561$

3. a) $10^4 = 10\,000$ b) $3^3 = 27$ c) $1^9 = 1$
d) $5^{-3} = \frac{1}{125}$ e) $3^4 = 81$ f) $3^5 = 243$

4. a) $2{,}29 \cdot 10^5$ b) $3{,}28 \cdot 10^4$ c) $3{,}41 \cdot 10^{-4}$ d) $5{,}23 \cdot 10^5$

5.

(1)	(2)	(3)	(4)	(5)	(6)	(7)	(8)
10^7	10^{-14}	10^{36}	10^8	10^6	10^0	10^{18}	10^5
L	A	U	N	I	S	C	H

Lösung: launisch

97

6. a) 100 100 b) 900 000 c) 96 d) 8,888 … e) 15,96
f) 108 g) 189 h) 561 i) 0,375 j) 64,01

7. a) $(4^3)^2 = 4^6 = 4\,096$ b) $(2^5)^{-2} = 2^{-10} = \frac{1}{1\,024}$
c) $(10^2)^{-3} = 10^{-6} = \frac{1}{1\,000\,000}$ d) $(6^5)^0 = 6^0 = 1$
e) $(3^{-2})^{-4} = 3^8 = 6\,561$

8. a) $3{,}2 \cdot 10^6$ b) $2{,}7 \cdot 10^{-9}$ c) $8{,}3 \cdot 10^{-12}$ d) $3{,}4 \cdot 10^4$
e) $8{,}0 \cdot 10^7$ f) $1{,}8 \cdot 10^{-7}$ g) $8{,}2 \cdot 10^{-14}$ h) $3{,}9 \cdot 10^{16}$

9. a) $6 \cdot 10^9 > 3 \cdot 10^{-10} \cdot 3\,000\ (= 9 \cdot 10^{-7})$ b) $5 \cdot 10^9 > 2 \cdot 10^4 \cdot 3 \cdot 10^2 = 6 \cdot 10^6$
c) $3 \cdot 10^4 \cdot 4 \cdot 10^6 = 12 \cdot 10^{10} > 5 \cdot 10^{10}$ d) $\frac{5}{1\,000} \cdot 2 \cdot 10^5 = 10^3$
e) $4 \cdot 10^5 \cdot 5 \cdot 10^{-6} = 2$ f) $\frac{8 \cdot 10^{-3}}{2 \cdot 10^{-5}} = 400$

10. a) $x^n \cdot x^n = x^{n+n} = x^{2n}$
b) $y^n : y^{(n-1)} = y^{n-(n-1)} = y^1 = y$
c) $z^n : z^{-n} = z^n \cdot z^n = z^{2n}$

n-te Wurzel

98

1. –

2. Seitenlänge des Quadrates: ca. 6,3 cm; Kantenlänge des Würfels: ca. 4,3 cm. Auf dem Taschenrechner gibt es neben der Quadratwurzeltaste meist eine Taste „$\sqrt[3]{x}$ “.

3. a) 3 b) 4 c) 5 d) 10 e) 0,5 f) 0,2
g) 2 h) 2 i) 3 j) 100 k) 10 l) 1

4. a) $1 < \sqrt[3]{6} < 2$ b) $2 < \sqrt[3]{10} < 3$ c) $6 < \sqrt[3]{250} < 7$
d) $7 < \sqrt[3]{420} < 8$ e) $8 < \sqrt[3]{700} < 9$ f) $14 < \sqrt[3]{3\,000} < 15$
g) $5 < \sqrt{31{,}8279} < 6$ h) $7 < \sqrt[3]{344{,}92} < 8$ i) $9 < \sqrt[4]{9807{,}26} < 10$
j) $1 < \sqrt[5]{11\frac{5}{7}} < 2$

5. a) 1,778 b) 2,659 c) 0,960 d) 1,904 e) 5,175 f) 0,758 g) 3,954 h) 8,499

6. a) $\sqrt{10^n}$ ist ganzzahlig für gerade n.
b) $\sqrt[3]{10^n}$ ist ganzzahlig für n = 3, 6, 9, …
c) $\sqrt[4]{10^n}$ ist ganzzahlig für n = 0, 4, 8, 12, …

7. a) $\sqrt[3]{64} = 4$ b) $\sqrt[4]{39{,}0625} = 2{,}5$ c) $\sqrt[5]{243} = 3$

8. a) $\sqrt{8} \cdot \sqrt{2} = 4$ b) $\sqrt{15} \cdot \sqrt{15} = 15$ c) $\sqrt{5} \cdot \sqrt{0{,}2} = 1$
d) $\sqrt{1{,}25} \cdot \sqrt{5} = 2{,}5$ e) $\sqrt{200} : \sqrt{2} = 10$ f) $\sqrt{18} : \sqrt{2} = 3$
g) $\sqrt{0{,}2} : \sqrt{0{,}02} = \sqrt{10}$ h) $\sqrt[3]{24} : \sqrt[3]{3} = 2$

98 9. Dies stimmt nur für $x > 1$.

10. a) Die Kantenlänge ist 1,260 m.
b) Die Kantenlänge ist 2 m.

11. a) Für $n \geq 145$ wird $\sqrt[n]{1 \text{ Mio.}}$ kleiner als 1,1. Der „Grenzwert" für immer größere n ist 1.
b) Für $n \geq 39$ wird $\sqrt[n]{n}$ kleiner als 1,1. Der „Grenzwert" für immer größere n ist 1.

Potenzen mit gebrochenen Exponenten

99 1.

3^8	6 561
3^4	81
3^2	9
3^1	3
$3^{0,5}$	$\sqrt{(3)} = 1{,}732\ \ldots$

2^{27}	134 217 728
2^9	512
2^3	8
2^1	2
$2^{\frac{1}{3}}$	$\sqrt[3]{2} = 1{,}2599\ \ldots$

10^{16}	10 000 000 000 000 000
10^4	10 000
10^1	10
$10^{\frac{1}{4}}$	$\sqrt[4]{10} = 1{,}778\ \ldots$

In der linken Spalte wird der Exponent jeweils durch 2 (bzw. durch 3 bzw. durch 4) dividiert; in der rechten Spalte wird aus der Zahl jeweils die Wurzel (bzw. die 3. Wurzel bzw. die 4. Wurzel) gezogen.

2. $7^{\frac{1}{3}} = 1{,}9129\ \ldots = \sqrt[3]{7}$
$11^{\frac{1}{2}} = 3{,}3166\ \ldots = \sqrt{11}$
$25^{\frac{1}{3}} = 2{,}9240\ \ldots = \sqrt[3]{25}$
$63^{\frac{1}{2}} = 7{,}9372\ \ldots = \sqrt{63}$
$79^{\frac{1}{3}} = 4{,}2908\ \ldots = \sqrt[3]{79}$
$138^{\frac{1}{2}} = 11{,}7473\ldots = \sqrt{138}$

Zu jeder Zahl im linken Kasten gibt es eine Zahl aus dem rechten Kasten mit demselben Ergebnis.
Beobachtung: Potenzieren mit $\frac{1}{2}$ ist gleichbedeutend mit Wurzelziehen;
Potenzieren mit $\frac{1}{3}$ bedeutet, die dritte Wurzel zu ziehen.

3. Für natürliche Zahlen n und positive Zahlen a gilt:
$\sqrt[n]{a} = a^{\frac{1}{n}}$

99 4. $8^{\frac{5}{3}} = \sqrt[3]{8^5} = (\sqrt[3]{8})^5 = 32$

$25^{\frac{7}{2}} = (\sqrt{25})^7 = 78\,125$

$29^{\frac{4}{3}} = \sqrt[3]{29^4} = 29 \cdot \sqrt[3]{29} = 89{,}097 \ldots$

$9^{-\frac{3}{2}} = \sqrt{9^{-3}} = (\sqrt{9})^{-3} = 0{,}037037 \ldots$

$64^{-\frac{2}{3}} = (\sqrt[3]{64})^{-2} = 0{,}0625$

$20^{-\frac{9}{2}} = \sqrt{20^{-9}} = 0{,}00000139 \ldots$

5. Für ganze Zahlen m, natürliche Zahlen n und positive Zahlen a gilt:
$a^{\frac{m}{n}} = \sqrt[n]{a^m} = (\sqrt[n]{a})^m$

6. a) 12 (z. B. aus $\sqrt{48} \cdot 3^{\frac{1}{2}} = 48^{\frac{1}{2}} \cdot 3^{\frac{1}{2}} = (48 \cdot 3)^{\frac{1}{2}} = 144^{\frac{1}{2}} = \sqrt{144} = 12$)
b) 2 (z. B. $\sqrt[6]{4} \cdot \sqrt[6]{16} = 2^{\frac{2}{6}} \cdot 2^{\frac{4}{6}} = 2^{\frac{2}{6}+\frac{4}{6}} = 2^1 = 2$)
c) 1,5 (z. B. $1{,}5^{\frac{1}{4}} \cdot 3{,}375^{\frac{1}{4}} = (1{,}5 \cdot 3{,}375)^{\frac{1}{4}} = (1{,}5^4)^{\frac{1}{4}} = 1{,}5$)
d) 0,0025 (z. B. $125^{(-\frac{2}{3})} \cdot 64^{(-\frac{2}{3})} = (\sqrt[3]{125})^{-2} \cdot (\sqrt[3]{64})^{-2} = 5^{-2} \cdot 4^{-2} = \frac{1}{25} \cdot \frac{1}{16} = 0{,}0025$)

7. a) $3^{\frac{5}{2}} = \sqrt{3^5} = \sqrt{243} < \sqrt{400} = 20$; also $3^{\frac{5}{2}} < 20$
b) $31{,}8^{\frac{3}{5}} = (\sqrt[5]{31{,}8})^3 < (\sqrt[5]{32})^3 = 2^3 < 10$, also $31{,}8^{\frac{3}{5}} < 10$
c) $1\,000^{\frac{4}{3}} = (\sqrt[3]{1\,000})^4 = 10^4 = 10\,000$ d) $2{,}5^{\frac{3}{2}} > 1$, also $2{,}5^{-\frac{3}{2}} = \frac{1}{2{,}5^{\frac{3}{2}}} < 1$

Potenzfunktion

100 1. (hier ohne Zeichnung)
Der Graph für $y = x^4$ ist nach oben geöffnet, aber schmaler als die Normalparabel. Der Graph von $y = x^3$ verläuft ebenfalls durch den Nullpunkt, ist jedoch nicht spiegelsymmetrisch, sondern punktsymmetrisch zum Nullpunkt.

2. Die beiden Punkte liegen nicht genau auf dem Graphen; die genauen y-Koordinaten sind: a) $y = x^3$: A(0,5|0,125); B(–1,5|–3,375)
b) $y = x^4$: C(0,7|0,2401); D(–1,2|2,0736)

3. a), b)

Exponent positiv und gerade	Exponent positiv und ungerade, größer als 1	Exponent negativ und gerade	Exponent negativ und ungerade
– der Graph der Funktion ist eine nach oben geöffnete Parabel, – er ist achsensymmetrisch zur y-Achse. – er besitzt keine negativen y-Werte – er geht immer durch die Punkte (0|0), (1|1) und (–1|1)	– der Graph der Funktion ist punktsymmetrisch zum Ursprung – er geht immer durch die Punkte (0|0), (–1|–1) und (1|1) – er besitzt sowohl positive als auch negative y-Werte	der Graph ist eine Hyperbel und geht immer durch den Punkt (1|1) – der Graph ist achsensymmetrisch zur y-Achse – die Funktion besitzt keine negativen y-Werte	der Graph ist eine Hyperbel und geht immer durch die Punkte (–1|–1) un (1|1) – der Graph ist punktsymmetris

100

Exponent = 0	Exponent = 1
– der Graph ist eine Gerade (y = 1) und geht durch den Punkt (1|1)	– der Graph ist eine Gerade (y = x), er geht durch die Punkte (0|0) und (1|1)

c) –

4. $y = x^2$: Q(2,5 | 6,25); R(–1 | 1); U(5 | 25)
   $y = x^3$: P(3 | 27)
   $y = x^4$: R(–1 | 1); S(–3 | 81)
   Der Punkt R(–1 | 1) gehört zu zwei Graphen, der Punkt T(1 | –1) zu keinem.

5. Alena hat Recht, denn jede Funktion $y = x^n$ mit einer natürlichen Zahl n ist eine Potenzfunktion. Dies ist für $y = x^1$ gegeben.
   Wird die Null auch zu den natürlichen Zahlen gezählt, ist die Funktion $y = x^0$, also y = 1, ebenfalls eine Potenzfunktion. Dies wird in der vorliegenden Reihe so vereinbart.

6.
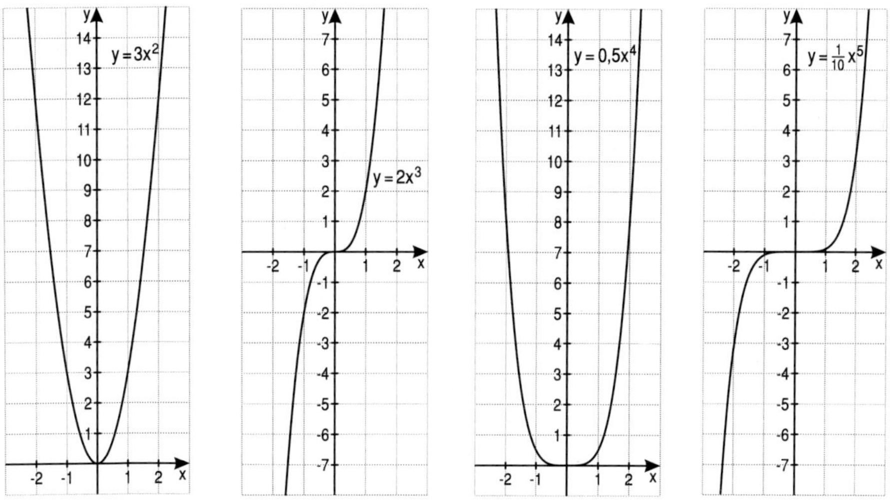

7. a) $y = 2x^2$ b) $y = x^3$ c) $y = \frac{1}{3}x^4$
   d) Fehler in 1. Auflage; richtig: A(5|–7,5), B(–3|**–2,7**); $y = -0{,}3\,x^2$

Wurzelfunktion

101 1. Wertetabellen

x	x^2		x	$\sqrt{x}$
0	0		0	0
1	1		1	1
1,5	2,25		2,25	1,5
2	4		4	2
2,5	6,25		6,25	2,5
3	9		9	3

Der Graph der Funktion $y = \sqrt{x}$ entsteht aus dem (rechten Teil) des Graphen der Funktion $y = x^2$ (für x > 0) durch Vertauschen von x und y, zeichnerisch durch Spiegeln an der Geraden y = x.

101

2. a)

x	0	1	2	3	4	5	6
$\sqrt{x}$	0	1	1,41 …	1,73 …	2	2,23 …	2,44 …

x	7	8	9	10	11	12	13	14	15	16
$\sqrt{x}$	2,64 …	2,82 …	3	3,16 …	3,31	3,46 …	3,60 …	3,74 …	3,87 …	4

b)

x	0	0,25	1	1,44	4	6,25	9	12,96
$\sqrt{x}$	0	0,5	1	1,2	2	2,5	3	3,6

3. a), b)

x	1	2	3	4	5	6	7	8	9
$\sqrt[3]{x}$	1	1,26	1,44	1,59	1,71	1,82	1,91	2	2,08

4. a)

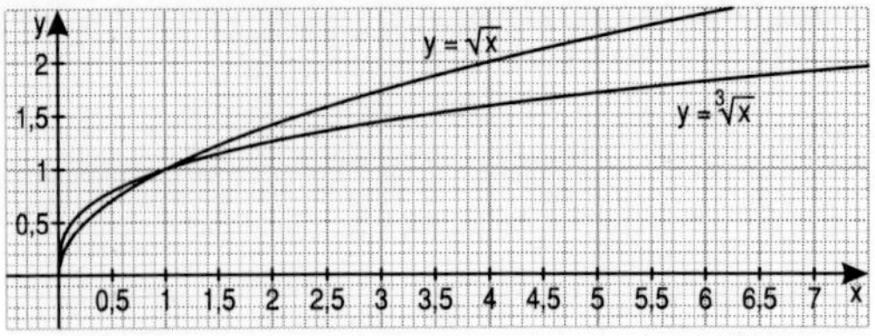

Beide Funktionen sind nur für x > 0 definiert und haben nur positive Funktionswerte. Beide Graphen gehen durch die Punkte (0|0) und (1|1). Für $0 < x < 1$ verläuft $y = \sqrt[3]{x}$ oberhalb von $y = \sqrt{x}$; für $x > 1$ verläuft $y = \sqrt[3]{x}$ unterhalb von $y = \sqrt{x}$.

b)

x	$\sqrt[3]{x}$	$\sqrt{x}$
3,75	1,55	1,94
6,25	1,84	2,5

c)

$y = \sqrt[3]{x}$	x (abgelesen)	x (genau)
0,7	0,3	0,343
1,3	2,2	2,197
1,6	4,1	4,096

5. Der Merkzettel sollte folgende Erkenntnisse enthalten:
Wurzelfunktionen sind Funktionen mit $y = \sqrt[n]{x}$; n = 2, 3, 4, … Sie sind Umkehrfunktionen zu den Potenzfunktionen für $x \geq 0$. $y = \sqrt[n]{x}$ ist Umkehrfunktion zu $y = x^n$ für $x \geq 0$.
Die Graphen der Wurzelfunktionen sind Spiegelbilder der jeweils rechten Äste der Graphen von $y = x^n$.
Je größer n, desto flacher verläuft der Graph der Wurzelfunktion $y = \sqrt[n]{x}$.

6. Spiegelt man die gesamte Normalparabel an der Geraden y = x, so entsteht eine Kurve, bei der zu jedem (positiven) x-Wert zwei y-Werte gehören; die Zuordnung $x \to y$ ist dann nicht eindeutig.

Vermischte Aufgaben

102 1. a) $5 \cdot 10^{10}\ m^3 = \mathbf{250} \cdot 200 \cdot 10^6\ m^3$; die Wassermenge würde für 250 Jahre reichen.
b) In $5 \cdot 10^7$ sek = 50 000 000 Mio. Sekunden = 578,7 Tage

2. Fehler in 1. Druck bei (5), Richtig: $6^3 : 3^3$
(1) 3^6 D (2) 3^8 E (3) $4^0 = 1$ L (4) 3^{-2} P (5) 2^3 H (6) 2^6 I
(7) 3^2 N (8) 4^{-2} A (9) 6^3 R (10) 2^9 I (11) 2^5 U (12) 4^2 M
Lösungswort: Delphinarium

3. a) $3^5 \cdot \mathbf{3^3} = 3^8$ b) $6^{-4} \cdot \mathbf{6^5} = 6$ c) $\mathbf{4^{-3}} : 4^{-5} = 4^2$
d) $2^4 \cdot \mathbf{6^4} = 12^4$ e) $\mathbf{10^5} : 0{,}1^5 = 100^5$ f) $8^{-3} : \mathbf{16^{-3}} = 0{,}5^{-3}$
g) $(7^3)^{\mathbf{4}} = 7^{12}$ h) $(5^{\mathbf{-3}})^{-2} = 5^6$

4. a) $\sqrt{16} = 4$ b) $\sqrt{4} = 2$ c) $\sqrt[3]{1\,000} = 10$ d) $\sqrt[3]{8} = 2$ e) $\sqrt[4]{16} = 2$

5. a) $c \approx 10{,}4$ cm b) $c \approx 37{,}80$ cm c) $c \approx 100{,}03$ cm d) $c \approx 32{,}71$ cm

6. a) (A)-(3), Graph einer Potenzfunktion mit ungerader Hochzahl; $y(1) = 2$
(B)-(1), Graph einer Potenzfunktion mit gerader Hochzahl; $y(1) = 0{,}1$
(C)-(5), Graph einer Potenzfunktion mit ungerader Hochzahl;
Vorfaktor <0, $y(1) = -0{,}5$
(D)-(2), Graph einer Wurzelfunktion
b) –

7. $y_1 = 2\,x^2$; $y_2 = 0{,}5\,x^3$; $y_3 = 0{,}75\,x^2$

Atome und Moleküle

103 1. $5{,}978358343 \cdot 10^{26}$ Wasserstoffatome

2. $3{,}981026 \cdot 10^{-22}$ ist die Masse eines Uran-Atoms

3. stimmt; Rechnung: $(1{,}5 \cdot 10^{26}) \cdot \frac{4}{1\,000}$

4. 4 Wasserstoffatome: $6{,}6908 \cdot 10^{-27}$ kg; 1 Heliumatom: $6{,}6448 \cdot 10^{-27}$ kg;
Unterschied: $4{,}6 \cdot 10^{-29}$ kg

5. a) $5{,}978358343 \cdot 10^{14}$ = 597 835 834 300 000 = ca. 598 Billionen
(1 Picogramm = 10^{-12} g)
b) $1{,}504936191 \cdot 10^{17}$ = 150 493 619 100 000 000 = ca. 150 Billiarden
(1 Nanogramm = 10^{-9} g)

6. Der Kristall wäre 200 000 m = $2 \cdot 10^5$ m groß (Maßstab $10^7 : 1$)

7. a) Es sind 10 000 000 000 = 10 Milliarden = 10 000 Millionen
b) 10^8 Atome passen nebeneinander auf 1 cm. 10^{16} Atome passen auf 1 cm^2

8. Die Abbildung eines Atoms hätte einen Durchmesser von $10^4 \cdot 2$ cm = 200 m.

9. 10^{12} Protonen nebeneinander sind 1 mm lang, 10^{24} passen auf 1 mm^2

Wurzeln: Gesetze und Irrationalität

104 1. a) Wurzelgesetze sind:

③ $\sqrt[n]{a} \cdot \sqrt[n]{b} = \sqrt[n]{a \cdot b}$

④ $\frac{\sqrt[n]{a}}{\sqrt[n]{b}} = \sqrt[n]{\frac{a}{b}}$

⑤ $\sqrt[n]{\sqrt[m]{a}} = \sqrt[n \cdot m]{a}$

b) $\sqrt[n]{\sqrt[m]{a}} = \sqrt[n \cdot m]{a}$ ist zu beweisen.

$$\sqrt[n]{\sqrt[m]{a}} = \sqrt[n]{x} = y = \sqrt[n \cdot m]{y^{n \cdot m}} = \sqrt[n \cdot m]{(y^n)^m} = \sqrt[n \cdot m]{x^m} = \sqrt[n \cdot m]{a}$$

$\sqrt[m]{a} = x$ $\quad \sqrt[n]{x} = y$ $\quad \sqrt[n]{x} = y$, also $x = y^n$ $\quad \sqrt[m]{a} = x$, also $a = x^m$

c) $\sqrt[n]{a} \cdot \sqrt[n]{b} = \sqrt[n]{a \cdot b}$

Beweis: $\sqrt[n]{a \cdot b} = \sqrt[n]{\left(\sqrt[n]{a}\right)^n \cdot \left(\sqrt[n]{b}\right)^n} = \sqrt[n]{\left(\sqrt[n]{a} \cdot \sqrt[n]{b}\right)^n} = \sqrt[n]{a} \cdot \sqrt[n]{b}$

$\sqrt[n]{a} : \sqrt[n]{b} = \sqrt[n]{\frac{a}{b}}$

Beweis: $\sqrt[n]{\frac{a}{b}} = \sqrt[n]{\frac{\left(\sqrt[n]{a}\right)^n}{\left(\sqrt[n]{b}\right)^n}} = \sqrt[n]{\left(\frac{\sqrt[n]{a}}{\sqrt[n]{b}}\right)^n} = \frac{\sqrt[n]{a}}{\sqrt[n]{b}}$

2. a) Rationale Zahlen lassen sich als Bruch darstellen, wobei sowohl Nenner als auch Zähler ganze Zahlen sind, irrationale Zahlen lassen sich so nicht darstellen.

b) Tatjanas Beweis ist richtig.

c) $\sqrt{7} = \frac{p}{q}$ wobei: $q \neq 1$, $\frac{p}{q}$ vollständig gekürzt.

$7 = \frac{p^2}{q^2} = \frac{p \cdot p}{q \cdot q}$ Widerspruch, da der Bruch nicht gekürzt werden kann und $q^2 \neq 1$ ist.

$\sqrt[3]{11} = \frac{p}{q}$ mit $q \neq 1$, $\frac{p}{q}$ vollständig gekürzt.

$11 = \frac{p^3}{q^3} = \frac{p \cdot p \cdot p}{q \cdot q \cdot q}$ Widerspruch!

d) Alex hat Recht, denn gäbe es einen Punkt $(x \mid y)$, wobei sowohl x als auch y ganzzahlig sind, würde gelten: $\sqrt{2} = \frac{y}{x}$. Dies ist ein Widerspruch, weil $\sqrt{2}$ irrational ist.

e) $\sqrt{1} = \sqrt[3]{1} = 1$; $\quad \sqrt{64} = 8$; $\quad \sqrt[3]{64} = 4$

Es sind die Zahlen 1 und 64.

3. a) Man sucht eine Zahl, deren Quadrat kleiner als 5 ist, und eine Zahl, deren Quadrat größer als 5 ist, dann bildet man den Mittelwert aus den vorangegangenen Zahlen.

$2{,}5^2 = 6{,}25 > 5$; $\quad 2{,}25^2 = 5{,}0625 > 5$; $\quad 2{,}125^2 = 4{,}51 < 5$; $\quad 2{,}1875^2 = 4{,}78 < 5$.

b) Man geht genauso vor wie in a), aber man bildet die Kubikzahlen.

c) –

5 Trigonometrie

107 Im Zeitalter des Taschenrechners macht es keinen Sinn mehr, die Winkelfunktionen als Seitenverhältnisse im rechtwinkligen Dreieck einzuführen. Für Schülerinnen und Schüler bliebe unverständlich, warum der TR auch bei Winkelmaßen größer als 90° trigonometrische Werte aufweist. Bei entsprechender Hinführung (Seiten 107–109) wird die Definition am Einheitskreis sogar verständlicher, da sin α, cos α und tan α konkrete Objekte (Koordinaten von Punkten) sind.
Für die rechnerische Anwendung der Winkelfunktionen ist es allerdings wichtig, alsbald auf ihre Bedeutung im rechtwinkligen Dreieck einzugehen. Dies geschieht ab Seite 111.

Winkel im Einheitskreis, Winkelfunktion Sinus (sin)

108 1. a) Als Einheitskreis bezeichnet man den Kreis mit dem Mittelpunkt (0 | 0) und dem Radius r = 1 Längeneinheit.
b) –

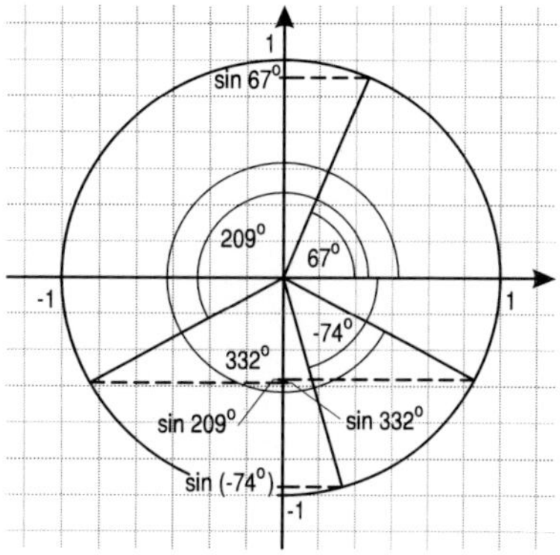

2. Der erste Schenkel ist die x-Achse, der Scheitel des Winkels der Nullpunkt. Man trägt den Winkel *entgegen dem* Uhrzeigersinn ab. (siehe Zeichnung)

3. Negative Winkel trägt man *im* Uhrzeigersinn ab.

4. Man liest den Wert sin α als y-Wert des Schnittpunktes des zweiten Schenkels des Winkels α mit dem Einheitskreis ab. (Zeichnung: y_P)

5. –

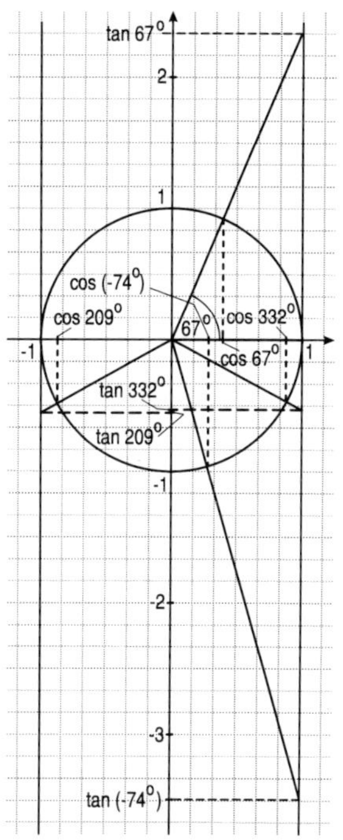

Kosinus (cos) und Tangens (tan)

109 1. Der Wert cos α ist die Koordinate x_P des Schnittpunktes des zweiten Schenkels des Winkels α mit dem Einheitskreis.
Der Wert tan α ist die y-Koordinate y_T des Schnittpunktes des Schenkels mit der Tangente an den Kreis in Punkt (1 | 0) (also mit der Geraden mit x = 1).

2. tan α = tan 67° ≈ 2,36; cos (67°) ≈ 0,39
tan β = tan 209° ≈ 0,55; cos (209°) ≈ –0,87
tan γ = tan 332° ≈ –0,53; cos (332°) ≈ 0,88
tan δ = tan (–74°) ≈ –3,49; cos (–74°) ≈ 0,28

109 3.

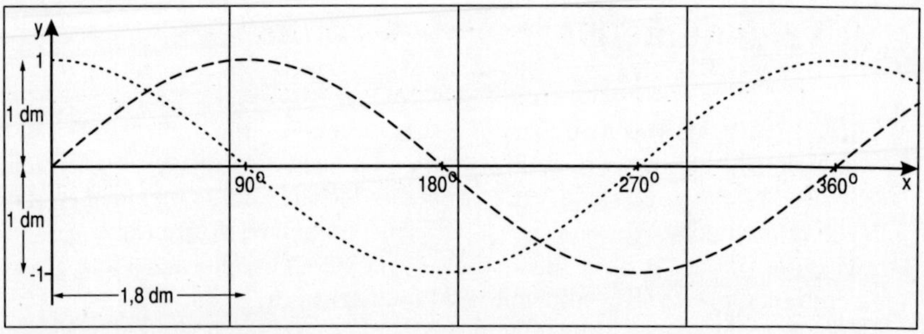

Gemeinsamkeiten: die Kurvenform ist gleich; die y-Werte bewegen sich zwischen –1 und 1; der Kurvenverlauf wiederholt sich nach jeweils 360°.
Unterschiede: die Kosinusfunktion „startet“ im Punkt (0, 1), die Sinusfunktion im Nullpunkt; die Kosinusfunktion ist gegenüber der Sinusfunktion um 90° verschoben.

Die Winkelfunktionen

110 1. a) 0,9272 b) –0,6691 c) –0,0872 d) 0,8231
e) –0,3256 f) 0,6769 g) 0,8788 h) –0,6704
i) –0,2890 j) –0,3541 k) 0,5835 l) 1,0000

2. a) sin 40° = sin 140° ≈ 0,64, die zugehörigen Kreispunkte liegen symmetrisch bzgl. der y-Achse, die y-Koordinaten sind somit gleich. Für die Winkel gilt: 140° = 180° – 40°.
sin 220° = sin 320° ≈ –0,64, auch hier liegen die zugehörigen Kreispunkte symmetrisch bezüglich der y-Achse, haben also dieselbe y-Koordinate. Die Punkte sind aus den ersten beiden Punkten durch Spiegelung an der x-Achse hervorgegangen, haben also als y-Koordinate die Gegenzahl (mit umgekehrtem Vorzeichen). Für die Winkel gilt: 220° = 180° + 40°, 320° = 360°– 40°.
b) Die Winkelfunktionen sind periodisch und bei jeder weiteren vollen Umdrehung erhält man gleiche Werte, z. B.: sin 40° = sin 400° = sin 760° = sin (n · 360° + 40°)

3.

(1)	sin 17°	0,2924	T
(2)	cos 161°	–0,9455	A
(3)	sin 309°	–0,7771	N
(4)	cos 78°	0,2079	G
(5)	sin 263°	–0,9925	E
(6)	cos 258°	–0,2079	N
(7)	sin 92°	0,9994	T
(8)	cos 355°	0,9962	E

4. tan 4 950° lässt sich nicht berechnen, denn 4 950° = 13 · 360° + 270°, also schneidet der Schenkel die Tangente nicht.

Winkelfunktionen im rechtwinkligen Dreieck

111 1. (Hier ohne Zeichnung) Die Seiten a und b verdoppeln bzw. verdreifachen sich auch.

2. a) b) (Hier ohne Zeichnung) z. B.:

	α	Seite a	Seite b	Seite c	Verhältnis $\frac{a}{c}$	Verhältnis $\frac{b}{c}$	Verhältnis $\frac{a}{b}$	sin α	cos α	tan α
1	40°	6	7,2	9,3	0,6452	0,7742	0,8333	0,6428	0,7660	0,8391
2	20°	8	22	23,4	0,3419	0,9402	0,3636	0,3420	0,9397	0,3640
3	63	4,5	2,3	5,1	0,8824	0,4510	1,9565	0,8910	0,4540	1,9626
4	7°	1,2	10	10,1	0,1188	0,9901	0,1200	0,1219	0,9925	0,1228

Verhältnis $\frac{a}{c}$ entspricht sin α; $\frac{b}{c}$ entspricht cos α; $\frac{a}{b}$ entspricht tan α

c) Nach den Strahlensätzen gilt:

$\frac{a}{c} = \frac{\sin\alpha}{1} = \sin\alpha$

$\frac{b}{c} = \frac{\cos\alpha}{1} = \cos\alpha$

$\frac{a}{b} = \frac{\sin\alpha}{\cos\alpha} = \tan\alpha$

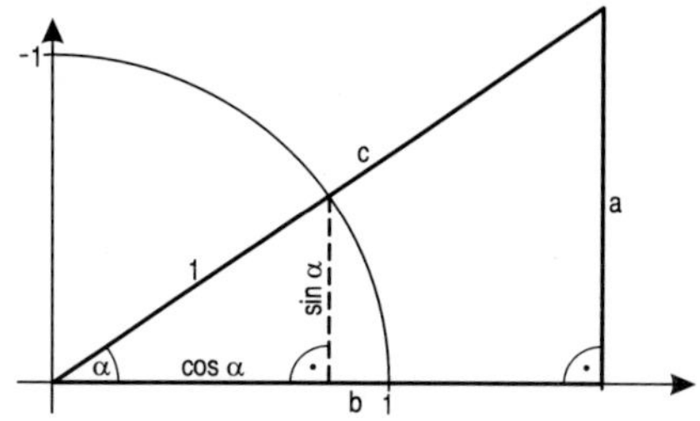

3. Der Sinus von α ist die Länge der Gegenkathete von α geteilt durch die Länge der Hypotenuse.

$\sin\alpha = \frac{a}{c}$

Der Kosinus von α ist die Länge der Ankathete von α geteilt durch die Länge der Hypotenuse.

$\cos\alpha = \frac{b}{c}$

Der Tangens von α ist Länge der Gegenkathete von α geteilt durch die Länge der Ankathete von α.

$\tan\alpha = \frac{a}{b}$

4. $\tan\alpha = \frac{\sin\alpha}{\cos\alpha} = \left(\frac{\frac{a}{c}}{\frac{b}{c}}\right) = \left(\frac{a}{c}\right)\cdot\left(\frac{c}{b}\right) = \frac{a}{b}$

Berechnungen mit der Sinusfunktion

112 1. a) $\sin\alpha = \frac{a}{c}$ b) $\sin\alpha = \frac{e}{d}$ c) $\sin\alpha = \frac{g}{h}$

2. a) $\sin\alpha = \frac{d}{f}$; $\sin\beta = \frac{e}{f}$ b) $\sin\alpha = \frac{q}{p}$; $\sin\beta = \frac{r}{p}$ c) $\sin\alpha = \frac{u}{t}$; $\sin\beta = \frac{s}{t}$

3. (gerundet)

a) a = 50°; aus $\frac{a}{8}$ = sin 50° folgt a = 6,1; aus $\frac{b}{8}$ = sin 40° folgt b = 5,1 cm

b) β = 30°; aus $\frac{b}{3,5}$ = sin 30° folgt b = 1,75; aus $\frac{c}{3,5}$ = sin 60° folgt c = 3,0 cm

c) aus $\frac{x}{9,3}$ = sin 27° folgt x = 4,2 cm; Winkel bei z: 63°; aus $\frac{z}{9,3}$ = sin 63° folgt z = 8,3

112 4. (hier ohne Zeichnung) Länge der Leiter l: Hypotenuse; Winkel zum Boden: $\alpha = 70°$; Höhe an Hauswand h: Gegenkathete von α; $\frac{h}{l} = \sin 70°$, $h \approx 4{,}7$.
Die Leiter reicht bis in 4,70 m Höhe.

5. h_1 aus $\frac{h_1}{650} = \sin 2{,}5°$, h_2 aus $\frac{h_2}{530} = \sin 3{,}5°$. Die Bahn steigt um 28,35 m + 32,36 m = 60,71 m.

6. Aus $\frac{555}{s} = \sin 7°$: s = 4 554,06. 4 554,06 m hat das Flugzeug zurückgelegt.

7. Julika hat recht, die zurückgelegte Strecke ist die Hypotenuse im rechtwinkligen Dreieck mit den Katheten „Höhengewinn" und „waagerechte Entfernung". Die Hypotenuse ist immer die längste Seite im rechtwinkligen Dreieck. Nur an einer senkrechten Wand wäre die zurückgelegte Strecke gleich dem Gewinn an Höhe.

113 8. Anton hat erst die Formel umgeformt und dann gerechnet; Berni hat erst die Werte eingesetzt; Chris hat beim Auflösen der Gleichung falsch gerechnet: In seiner Rechnung muss es heißen: $\frac{\sin 44{,}4°}{3{,}5} = \frac{1}{c}$; Lösung: $c \approx 5$ cm

9. a) $\frac{4{,}5}{c} = \sin 28°$; c = 9,59 cm b) $\frac{18}{c} = \sin 34°$; c = 32,19 cm
c) $\frac{4{,}6}{c} = \sin(90° - 63{,}3°) = \sin 26{,}7°$; c = 10,24 cm

10. Für eine exakte Lösung muss beim Taschenrechner die Funktion $\sin^{-1}$ benutzt werden. $\alpha = 39{,}67°$.
Für Winkel zwischen 0° und 90° gilt: je größer der Winkel, desto größer der sinus-Wert. Durch Probieren kann mit Hilfe dieser Tatsache der Winkel abgeschätzt werden: $\sin 35° = 0{,}5736$; $\sin 40° = 0{,}6428$; der Winkel α mit $\sin\alpha = 0{,}63842$ liegt zwischen 35° und 40°, usw.

11. α = a) 86° b) 54° c) 14° d) 78°
e) 36° f) 44° g) 32° h) 7°

12. a) $\sin\alpha = \frac{3{,}5}{7}$; $\alpha = 30°$; $\beta = 60°$ b) $\sin\alpha = \frac{4}{12}$; $\alpha = 19{,}5°$; $\beta = 70{,}5°$
c) $\sin\alpha = \frac{5}{6}$; $\alpha = 56{,}4°$; $\beta = 33{,}6°$

13. $\sin\alpha = \frac{1075}{1500} = 0{,}71667$, der durchschnittliche Steigungswinkel ist 45,8°.

14. $\sin\alpha = \frac{6{,}5}{7{,}5} = 0{,}86667$, $\alpha = 60{,}1°$ (Winkel zwischen Leiter und Boden)
Der Winkel zwischen Leiter und Hauswand ist 29,9°.

15. (hier ohne Zeichnung)
a) $\frac{3}{b} = \sin 40°$; b = 4,7 cm; $\frac{3}{5} = \sin\beta$; $\beta = 36{,}87°$
b) aus Pythagoras: a = 9,43 cm; $\sin\beta = \frac{5}{9{,}43}$; $\beta = 32°$; $\sin\gamma = \frac{8}{9{,}43}$; $\gamma = 58°$
oder: $\gamma = 90° - \beta = 58°$
c) Fehler in 1. Druck; richtig: $\underline{c}$ = 5 cm; a = 4 cm, b = 3 cm. Das Dreieck ist rechtwinklig mit $\underline{\gamma = 90°}$ ($4^2 + 3^2 = 5^2$, Umkehrung des Satzes des Pythagoras).
$\frac{4}{5} = \sin\alpha$; $\alpha = 53{,}1°$; $\frac{3}{5} = \sin\beta$; $\beta = 36{,}9°$

Berechnungen mit der Kosinusfunktion

114

1. a) $\frac{a}{9,3} = \cos 57°$, a = 5,1 cm b) $\frac{c}{5,7} = \cos 38°$, c = 4,5 cm

   c) $\frac{3,1}{e} = \cos 32°$, e = 3,7 cm d) $\frac{b}{4,5} = \cos 39°$, b = 3,5 cm

   e) $\frac{6,3}{d} = \cos 49°$, d = 9,6 cm

2. $\cos\alpha = \frac{4\,200}{4\,252} = 0{,}98777$, das Flugzeug ist unter einem Winkel von 9° gestartet.

3. a) $\alpha = 68°$ b) $\alpha = 44°$ c) $\alpha = 82°$

4. a) $\cos\alpha = \frac{13}{21}$, $\alpha = 52°$; $\beta = 38°$ b) $\cos\beta = \frac{8,1}{10,4}$, $\beta = 39°$; $\alpha = 51°$

   c) $\cos\alpha = \frac{27}{33}$, $\alpha = 35°$; $\beta = 55°$

5. $\cos\alpha = \frac{2,6}{2,8}$; der Neigungswinkel ist ca. 22°.

6. $\cos\alpha = \frac{\left(\frac{1}{2}\cdot 9,6\right)}{(7,8-0,3)} = \frac{4,8}{7,5} = 0{,}64$; der Neigungswinkel ist 50,2°.

   $\frac{h}{7,5} = \sin 50{,}2°$ oder: $\cos 39{,}8° = \frac{h}{7,5}$, h = 5,76 m.

7. $\cos\alpha = \frac{3,57}{3,80} = 0{,}9395$, $\alpha = 20°$ (Winkel zwischen Leiter und Haus)
   Der Winkel zwischen Leiter und Boden ist 70°.
   (Auch direkt zu berechnen aus $\sin b = \frac{3,57}{3,80}$)

8. a aus $a^2 + b^2 = e^2$, $a^2 = 65$, a = 8,1 cm; $\cos\beta = \frac{4}{9}$; $\beta = 63{,}6°$; $\alpha = 90° - \beta = 26{,}4°$
   oder: $\sin\alpha = \frac{4}{9}$, $\alpha = 26{,}4°$; $\beta = 90° - \alpha = 63{,}6°$

9. waagerechte Entfernung in Wirklichkeit 275 m; $\cos\alpha = \frac{275}{320} = 0{,}85938$,
   Neigungswinkel ist 30,8°

Berechnungen mit der Tangensfunktion

1. (hier ohne Zeichnung)

	a)	b)	c)	d)	e)	f)
fehlende Winkel	49°	63°	26°	67°	21°	59°; 31°
fehlende Kathete	5,2 cm	4,1 cm	2,9 cm	9,7 cm	3,1 cm	–
fehlende Hypotenuse	7,95 cm	9,1 cm	6,6 cm	10,5 cm	8,8 cm	7,4 cm

2. $\tan\alpha = \frac{700}{5\,000} = 0{,}14$; $\alpha = 7{,}97°$. Das Flugzeug ist unter ca. 8° gestartet.

115 3. α = a) 33° b) 44° c) 58° d) 75° e) 84°

4. $\tan 55° = \frac{5}{x}$, x = 3,5. Die Leiter steht 3,5 m von der Wand entfernt (Länge der Leiter ist 6,1 m).

5. $\frac{(h - 1{,}5)}{41} = \tan 25{,}5°$; h = 21,056. Höhe des Turmes 21,06 m

6.

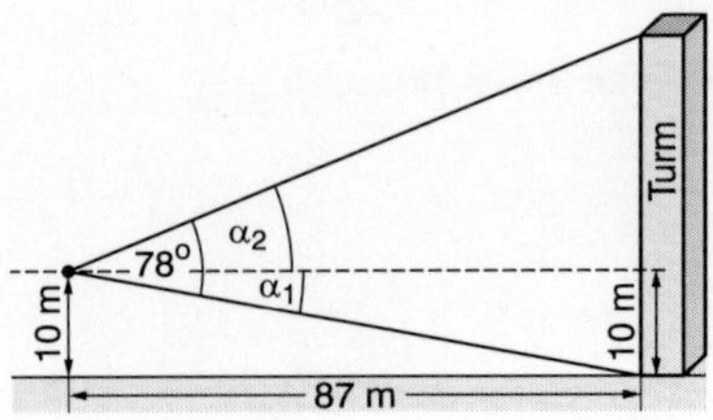

Es wird zunächst mit Hilfe des unteren Dreiecks der Teilwinkel α_1 berechnet: $\tan \alpha_1 = \frac{10}{87}$; $\alpha_1 = 6{,}6°$; danach kann mit Hilfe des oberen Dreiecks die obere Teilhöhe des Turms berechnet werden: $\alpha_2 = 78° - \alpha_1 = 71{,}4°$; $\frac{h_2}{87} = \tan 71{,}4°$; $h_2 = 258{,}5$ m.
Gesamthöhe: 258,5 m + 10 m = 268,5 m

7.

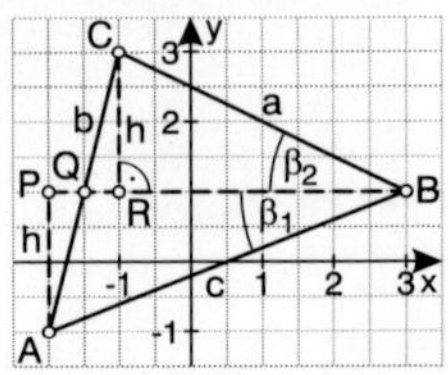

Aus $a^2 = 2^2 + 4^2$ folgt **a = 4,5 cm**; analog: **b = 4,1 cm**, **c = 5,4 cm**;
damit Umfang **u = 14 cm**.
Um die Winkel berechnen zu können, werden durch die waagerechte Hilfslinie $\overline{QB}$ die rechtwinkligen Dreiecke ABP und CRB gebildet.
Aus $\tan \beta_1 = \frac{2}{5}$ und $\tan \beta_2 = \frac{2}{4}$ folgt $\beta_1 = 21{,}8°$ und $\beta_2 = 26{,}6°$. Damit $\boldsymbol{\beta = 48{,}4°}$.
Analog erhält man $\boldsymbol{\alpha = 54{,}2°}$ und $\boldsymbol{\gamma = 77{,}5°}$.
Flächeninhalt: Zerlege Dreieck ABC z. B. in die beiden Teildreiecke QBC und ABQ. Diese haben beide die Grundseite $\overline{QB}$ = 4,5 cm und die zugehörige Höhe $\overline{RC}$ = 2 cm bzw. $\overline{PA}$ = 2 cm.
Damit: $A = \frac{1}{2} \cdot 4{,}5 \cdot 2 + \frac{1}{2} \cdot 4{,}5 \cdot 2 = 9$, $\mathbf{A = 9\ cm^2}$.

8. a) $\frac{h}{r} = \tan \alpha$, hier ist r = 10 m. Die Höhe ist 8,4 m (Zement); 7,0 m (trockene Erde); 4,7 m (feuchte Erde).
b) $V = \frac{1}{3} \cdot \pi \cdot 10^2 \cdot h$. Das Volumen ist 879,65 m^3 (Zement); 733,04 m^3 (trockene Erde); 492,18 m^3 (feuchte Erde).

Steigungen in Prozent

116 1. Bei einer Steigung von 100 % steigt der Weg auf einer waagerechten Entfernung von 100 m um 100 m an, der Steigungswinkel beträgt 45°.

2. $\tan \alpha = \frac{15}{100}$, $\alpha = 8{,}5°$. Steigung 15 % bedeutet einen Steigungswinkel von 8,5°.

116 3. 29 % Steigung entspricht 16,2°; 17 % Steigung entspricht 9,6°; Verkleinerung um 6,6°

4. tan 10,2° = 0,18; 18 % Steigung

5. Der Steigungswinkel ist 19,3°.

6. Steigung bei 1,5°: 2,6 %; bei 2,3°: 4 %; die Hauptstrecke müsste 11 460,5 m lang sein ($\frac{h}{l}$ = sin 1,5°).

7. tan α = m = $\frac{1}{11}$; Steigung $\frac{1}{11}$ = 9,1 %, Steigungswinkel 5,2°

Vermischte Aufgaben

117 1. a) $\frac{(h - 1{,}8)}{45}$ = tan 55°, Höhe h = 66,07 m

b) $\frac{(212 - 1{,}8)}{x}$ = tan 55°, x = 147,18. Er müsste 147,18 m entfernt stehen.

2. a) $\frac{h}{120}$ = sin 40°, Höhe h = 77,1 m

b) sin β = $\frac{25}{120}$, maximaler Anstiegswinkel β = 12°

c) sin 46° = $\frac{80}{l}$, Länge l = 111,2 m

3. a) tan α = $\frac{2\,350}{8\,000}$ = 0,29375; Steigungswinkel α = 16,4°

b) $\frac{2\,350}{s}$ = sin 16,4°; zurückgelegter Weg s = 8 338 m

4. a) horizontale Entfernung: 900 m (Achtung: die kleinen Striche sind keine cm-Markierungen, sondern das kartografische Zeichen für Seilbahn; die Strecke auf der Karte misst 3 cm)

b) Höhenunterschied: $\frac{h}{900}$ = tan 54°, h = 1 239 m

c) zurückgelegter Weg: $\frac{900}{s}$ = cos 54°, s = 1 531 m

5. a) (hier ohne Zeichnung) 40 m entsprechen 20 cm; 24,6 m entsprechen 12,3 cm; 3,50 m entsprechen 1,75 cm

b) tan α = $\frac{3{,}5}{7{,}7}$, α = 24,4°; $\frac{3{,}5}{b}$ = sin α, b = 8,46 m

118 6. a) Geschosshöhe: 2,70 m (15 · 0,18 m); Ausladung: 3,30 m (15 · 0,22 m)

b) Steigungswinkel: tan α = $\frac{18}{22}$ = 0,81818, α = 39,3°

c) $\frac{\text{Geschosshöhe}}{\text{Treppenwange}}$ = sin α, W = 4,26 m oder über Pythagoras: $w^2 = 2{,}7^2 + 3{,}3^2$

7. z. B.: Auflösen nach A: A = 65 – 2S; für S = 14; 15; 16; 17; 18; 19; 20 wäre A = 37; 35; 33; 31; 29; 27; 25;
daraus ergeben sich mögliche Stufen: S = 17 cm, A = 31 cm, α = 28,7°; S = 18 cm, A = 29 cm, α = 31,8°; S = 19 cm, A = 27 cm, α = 35,1°

118

8. a) $\tan\alpha = \frac{6}{4,2} = 1,42857$, $\alpha = 55°$

b) $\cos\alpha = \frac{4,2}{b}$, $b = 7,32$ m; $\frac{6}{a} = \sin 20°$, $a = 17,5$ m

c) $\frac{x}{a} = \cos 20°$, $x = 16,48$ m;
gesamte Sohlenlänge 16,48 m + 8 m + 4,2 m = 28,68 m

9. Böschungswinkel Seeseite: 17°; Landseite: 47,5°;
Sohlenlänge: 6,4 m + 10 m + 23 m = 39,4 m

10. Die Breite an der Sohle ist $b = 2 \cdot 5,6 \cdot \cos 38° + 4,5 = 2 \cdot 4,413 + 4,5$; $b = 13,33$ m

11. a) $\frac{3,5}{x} = \sin 35°$, Entfernung $x = 6,1$ sm;
nach 3,5 sm: $\frac{3,5}{h} = \tan 35°$, Entfernung $h = 5$ sm;
b) nach weiteren 2,5 sm: $y^2 = h^2 + 2,5^2$,
Entfernung $y = 5,6$ sm

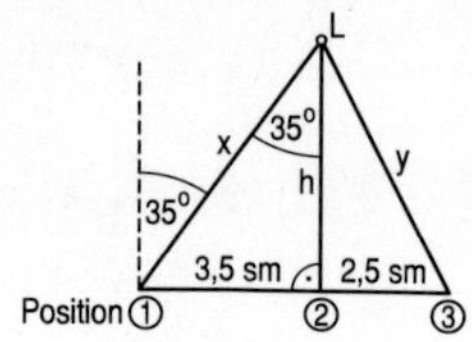

12. Querschnitt:

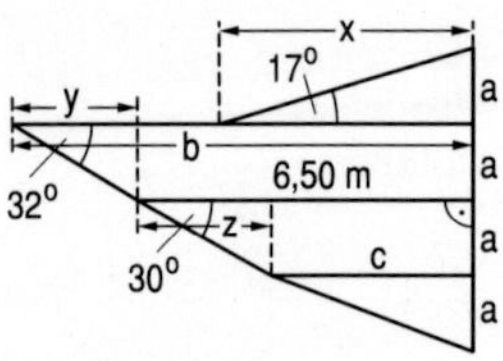

Maße: $a = 1,5$ m; x aus $\frac{a}{x} = \tan 17°$; $x = 4,9$ m

y aus $\frac{a}{y} = \tan 32°$; $y = 2,4$ m

$b = 6,50 \text{ m} + y = 8,9$ m

z aus $\frac{a}{z} = \tan 30°$; $z = 2,6$ m

$c = 6,50 \text{ m} - z = 3,9$ m
Querschnittfläche (2 Dreiecksflächen plus 2 Trapezflächen): $A = 25,95 \text{ m}^2$
Volumen: $V = 519 \text{ m}^3$
Es werden 519 m^3 Beton benötigt.

13. $\tan\alpha = \frac{\text{Höhe}}{\text{waagr. Entfernung}}$; also $h = 1\,000 \text{ m} \cdot \tan 2,855°$.
Minimaler Wert: $h = 999,99 \text{ m} \cdot \tan 2,854° = 49,85$ m
Maximaler Wert: $h = 1\,000,01 \text{ m} \cdot \tan 2,856° = 49,89$ m

Bleib FIT!

119

1. a) 750 P b) 100 000 O c) 0,34 L d) 0,075 O

2. a) 1 508 B b) 21 O

3. $A = 1\,714 \text{ cm}^2$ C $u = 203$ cm C

4. a) $v = 12,8 \frac{\text{m}}{\text{s}}$ I b) $v = 769,2 \frac{\text{m}}{\text{min}}$ A c) $v = 46,2 \frac{\text{km}}{\text{h}}$ R

119 5. a) x = 8,1 cm U b) x = 3,3 cm G c) x = 5,7 cm B

6. a) 2,86 € Y b) (–)30 % G c) 150 € O

7. a) 12 cm L b) 0,5 cm F
Lösung: Polo, Boccia, Rugby, Golf

Wissen – Anwenden – Vernetzen

20/121 **1. Mikesch**

a) – insgesamt Gewichtsreduktion um 1000 g nötig; bei idealem Verlauf (50 g Abnahme pro Woche) hat Mikesch das Idealgewicht nach 20 Wochen erreicht.

– konstanter Quotient: $\frac{\text{Tagesration}}{\text{Gewicht}} = 0{,}008$ (bei den gegebenen Daten in der Tabelle). Die Empfehlung ist: Tagesration = 0,8 % des Körpergewichts

Mit den hier angezeigten Werten lassen sich alle weiteren Zelleninhalte mit Tabellenkalkulation berechnen (Formeln sind angegeben):

	A	B	C	D
1	Zeitraum	Gewicht (g)	Tagesration (g)	Benötigte Futtermenge für 1, 2, ... n Wochen (kg)
2	Beginn	6 500	= B2 · 0,008	= C2 · 7/1 000
3	Nach 1 Woche	= B2-50		= C3 · 7/1 000 + D2
4	Nach 2 Wochen			

Gerundet werden sollten die Inhalte der Felder C (z. B. auf ganze Zahlen oder auf eine Stelle nach dem Komma), da kleinere Mengen Futter nicht mehr genau abgewogen werden können.

Zeitraum	Gewicht (g)	Tages-ration (g)	Gesamt-futter-menge für 1, 2, ... n Wochen (kg)
Beginn	6500	52	0,3640
nach 1 Woche	6450	51,6	0,7252
nach 2 Wochen	6400	51,2	1,0836
nach 3 Wochen	6350	50,8	1,4392
nach 4 Wochen	6300	50,4	1,7920
nach 5Wochen	6250	50	2,1420
nach 6 Wochen	6200	49,6	2,4892
nach 7 Wochen	6150	49,2	2,8336
nach 8 Wochen	6100	48,8	3,1752
nach 9 Wochen	6050	48,4	3,5140
nach 10 Wochen	6000	48	3,8500
nach 11 Wochen	5950	47,6	4,1832
nach 12 Wochen	5900	47,2	4,5136
nach 13 Wochen	5850	46,8	4,8412
nach 14 Wochen	5800	46,4	5,1660
nach 15 Wochen	5750	46	5,4880
nach 16 Wochen	5700	45,6	5,8072
nach 17 Wochen	5650	45,2	6,1236
nach 18 Wochen	5600	44,8	6,4372
nach 19 Wochen	5550	44,4	6,7480
nach 20 Wochen	5500	44	7,0560
nach 21 Wochen	5450	43,6	7,3612
nach 22 Wochen	5400	43,2	7,6636
nach 23 Wochen	5350	42,8	7,9632
nach 24 Wochen	5300	42,4	8,2600

120/121

b)

Menge	1,5 kg	3 × 1,5 kg	5 kg	6 × 1,5 kg	2 × 5 kg	4 × 5 kg
Preis pro kg	11,53 €	10,44 €	9,80 €	10,39 €	8,85 €	8,83 €
Ersparnis in % im Vergleich zum Kauf von 1,5 kg		9,45 %	15,0 %	9,89 %	23,24 %	23,46 %

(Nur) beim Kauf von „ganz großen" Mengen (2 × 5 kg oder 4 × 5 kg) spart man mehr als 20 % gegenüber dem Kauf der kleinsten Menge.

c) • Denkt man sich das Seil wieder abgerollt, so ist das Ende des Seil bei einer waagrechten Entfernung von 5-mal Zylinderumfang um h höher als der Anfang des Seils; die Seillänge für 5 Umwicklungen ist nach dem Satz des Pythagoras:
$l_5 = \sqrt{h^2 + (5 \cdot u)^2}$
(damit Ungenauigkeiten beim Umwickeln und beim Messen nicht zu sehr ins Gewicht fallen, wird mehr als eine Umwicklung gewählt.)

• Bei h = 8 cm, u = 31,4 cm ist $l_5 = \sqrt{22\,525} \approx 157{,}2$ cm

• Bei einer zu umwickelnden Höhe H muss das Seil $\frac{H}{h} \cdot 5$-mal umwickelt werden, dafür wird die Seillänge $\frac{H}{h} \cdot l_5$ benötigt. Hier: gesamte zu umwickelnde Höhe H = 270 cm; dafür wird 53,055 m ≈ 53,1 m Seil benötigt.

• Um die Dicke des Seils zu berücksichtigen, kann statt des Zylinderumfangs u mit dem Umfang des Zylinders aus Papprohr und halber Seildicke gerechnet werden.
Ist d die Seildicke, so ist der Radius von Zylinder + „halbes Seil" $r' = r + \frac{1}{2}d$;
der Umfang davon ist $u' = 2\pi(r + \frac{1}{2}d) = 2\pi r + \frac{2\pi d}{2}2 = u + \pi d$. Näherungsweise kann gerechnet werden mit $u'' = u + 3d$.
Für Jans Seil ist d ≈ 1,6 cm (5 Umwicklungen ergeben ca. $5 \cdot d = 8$ cm Höhe).
So ergibt sich: $u'' = 36{,}2$ cm; $l_5 = 181{,}18$ cm; Gesamtlänge l = 61,15 m.

2. Superschuss

a) $y = -0{,}01\,x^2 + 0{,}6\,x$
y(30) = 9; maximale Höhe 9 m.

b) Da eine Parabel symmetrisch zum Scheitelpunkt verläuft, würde der Ball nach weiteren 30 m, also nach insgesamt 60 m, wieder auf dem Boden aufkommen. Auch durch Rechnung: y(0) = 0, y(60) = 0; für x = 0 m und x = 60 m (Abschuss und Landung) hat der Ball die Höhe 0, ist also auf dem Boden.

c) y(55) = 2,75; nach 55 m (auf Höhe der Torlinie) hat der Ball die Höhe 2,75 m, er wird über das Tor hinweg fliegen.

d) Gleichung D: $y = -0{,}01 \cdot (x - 30) + 9$
Begründungsmöglichkeiten:
- ausmultiplizieren und mit der oben gegebenen Gleichung vergleichen
- Parabel hat Scheitel in x = 30, also $y = a(x - 30)^2 + b$; a = –0,01 wie oben; b = 9, da höchste Flughöhe (= höchster y-Wert) = 9, siehe a).

20/121 **3. An der Bushaltestelle**

a) Robert: Wert ist 60 €; reduzierter Preis ist 50 €; dies ist eine Reduzierung um $\frac{10}{60}$ = 16,67 %.
Paul: 20 % von 50 € sind 10 €; 60 € wären eine Erhöhung um 20 % von 50 €.
Paul hat gesehen, dass der falsche Betrag als Grundwert genommen wurde.

b) p (guter Platz) = p (Doppeldecker kommt) · p (guter Platz im Doppeldecker) = $\frac{2}{5} \cdot \frac{1}{2} = \frac{1}{5}$ = 20 %.

c) 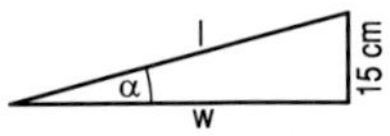

Höhenunterschied: 15 cm; Steigung = $\frac{\text{Höhendifferenz}}{\text{waagerechte Entfernung}}$;
maximale Steigung 16 % = 0,16: waagerechte Entfernung von Bus zu Rampenbeginn w = 93,75 cm (mindestens).
Mit Pythagoras: Rampenlänge l = 94,94 cm (mindestens)

Berechnungen an Körpern

122 1. a) h = 13,9 cm; s = 18,7 cm; V = 2 274,4 cm^3; O = 1 224,8 cm^2
b) h = 16,6 cm; r = 7,0 cm; V = 851,8 cm^3; O = 549,8 cm^2
c) h = 1,47 m; r = 0,31 m; V = 0,148 m^3; O = 1,76 m^2
d) h = 0,56 m; s = 1,28 m; V = 0,776 m^3; O = 8,78 m^2

2. a) $V \approx 21\,928\ cm^3$; [h = 2,5 · tan 72°)
b) $V \approx 15\,957\ cm^3$; [e = 2 · 9 · sin 64°; f = 2 · 9 cos 64°]
c) $V \approx 11\,868\ cm^3$; [h = 9 · sin 29°]
d) $V \approx 5\,796\ cm^3$; [e = 4 · cos 48° + ($\frac{f}{2}$: tan 20°); f = 2 · 4 · sin 48° · 2]
e) $V \approx 16\,296\ cm^3$; [Achtecke zerlegen in 8 Dreiecke; jeweils a = 3 cm, h = 1,5 · tan 67,5°]
f) $V \approx 18\,266\ cm^3$; [h = 5,2 · sin 60°]

3. a = 38 cm; h_s = 40,8 cm; d = 53,8 cm; γ = 53°; h = 36,1 cm;
O = 4 544,8 cm^2; $V \approx 173\,761\ cm^3$

4. α = 50,2° (Neigung Seitenfläche); β = 40,3° (Neigung Seitenkante)

Überprüfung von Konstruktionsergebnissen durch Rechnung

123 1. γ = 34°; h ≈ 7,749 cm $\left(\text{aus } \sin\alpha = \frac{h}{c}\right)$; a = 13,857 cm $\left(\text{aus } \frac{h}{a} = \sin\gamma\right)$
Der genaueste konstruierte Wert ist 13,9 cm.

2. h_c = 4,277 cm $\left(\text{aus } \sin\alpha = \frac{h_c}{b}\right)$
c_1 = 2,178 cm $\left(\text{aus } c_1^2 = b^2 - h_c^2, \text{ Pythagoras}\right)$
c_2 = 3,522 cm (= c – c_1)
a = 5,54 cm
5,5 cm ist der am genauesten konstruierte Wert.

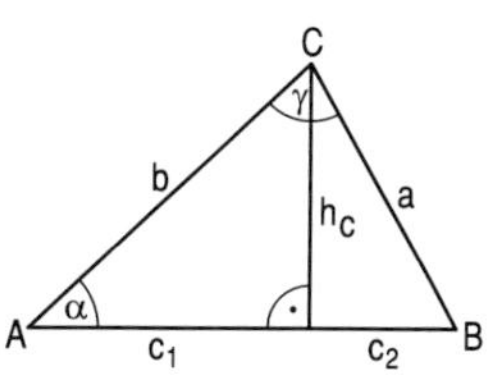

123 3. $h = 3{,}742$ cm $\left(\text{aus } \sin\delta = \frac{h}{a}\right)$

$p = 1{,}907$ cm (aus $a^2 = h^2 + p^2$)

$b = 6{,}607$ cm aus $(b + p)^2 = c^2 - h^2$

Die Seite b ist ca. 6,6 cm lang.

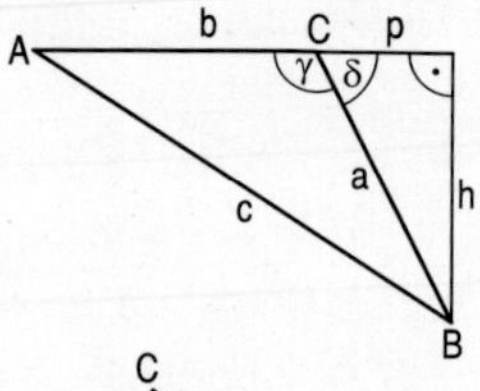

4. $h^2 = b^2 - p^2$

$h^2 = a^2 - (c - p)^2$

also: $b^2 - p^2 = a^2 - (c - p)^2 = a^2 - c^2 - p^2 + 2cp$

also: $b^2 = a^2 - c^2 + 2cp$

$p = \frac{b^2 + c^2 - a^2}{2c} = 2{,}714$

$p = 2{,}714$ cm

$\alpha = 57{,}1° \left(\text{aus } \cos\alpha = \frac{p}{b}\right)$

Heba hat am genauesten konstruiert.

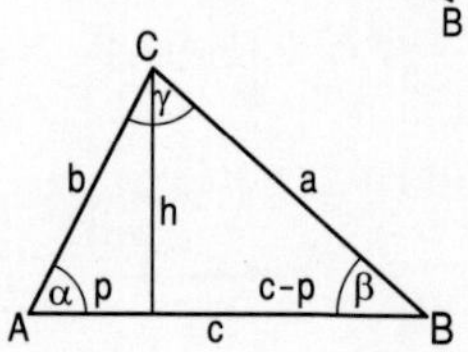

Berechnungen in beliebigen Dreiecken

Auch ohne die Kenntnis von Sinus- und Kosinussatz sind schrittweise Berechnungen in beliebigen Dreiecken möglich. Die Strategie ist jeweils, das Dreieck durch eine Höhe in rechtwinklige Dreiecke zu zerlegen und die gesuchte Seite durch mehrfache Anwendung trigonometrischer Funktionen bzw. durch Einbeziehen des Satzes des Pythagoras zu berechnen.

124 1. a) mögliche Rechnung: Winkel $\gamma = 62°$; Höhe h_a aus $\frac{h_a}{7{,}4} = \sin 63°$, $h_a = 6{,}6$ cm;

b aus $\frac{h_a}{b} = \sin 62°$, $b = 7{,}5$ cm

b) Höhe h_c aus $\frac{h_c}{7} = \sin 39°$, $h_c = 4{,}4$ cm; linkes Teilstück p der Seite c aus

$\frac{p}{7} = \cos 39°$, $p = 5{,}44$ cm; rechtes Teilstück q der Seite c: $q = 12 - p = 6{,}56$ cm,

Winkel β aus $\tan\beta = \frac{h_c}{q}$, $\beta = 33{,}85°$, Seite a aus $\frac{h_c}{a} = \sin\beta$, $a = 7{,}9$ cm

c) Höhe h_b aus $\frac{h_b}{6{,}2} = \sin 61°$, $h_b = 5{,}4$ cm; aus $\frac{h_b}{c} = \sin 48°$ folgt $c = 7{,}3$ cm

2. (hier ohne Zeichnung)

	Seite a	Seite b	Seite c	Winkel α	Winkel β	Winkel γ
a)	5 cm	**4,7 cm**	**7,6 cm**	40°	**36,9°**	**103,1°**
b)	**3,1 cm**	4,5 cm	6 cm	30°	**46,9°**	**103,1°**
c)	**4,7 cm**	6 cm	7 cm	**41,8°**	**57,7°**	**80,5°**
d)	4 cm	**9,1 cm**	9 cm	**25,5°**	79°	**75,5°**

124 3. Sei C der Punkt des Forschungsteams, dann sind vom Dreieck ABC gegeben: Seite b = 124 km, Seite c = 163 km, Winkel $\alpha = 75°$. Höhe h_c aus $\frac{h_c}{124} = \sin 75°$, $h_c = 119{,}77$ km. Abschnitt p auf Seite c aus $\frac{p}{124} = \cos 75°$, $p = 32{,}09$ km. Abschnitt q auf Seite c: $q = 163 - p = 130{,}91$ km. Winkel β (das ist der Winkel, unter dem der Hubschrauber gegenüber Strecke $\overline{AB}$ fliegen muss) aus $\tan \beta = \frac{h_c}{q}$, $\beta = 42{,}46°$. Seite a aus $\frac{h_c}{a} = \sin \beta$, $a = 177{,}42$.
Der Hubschrauber muss 177,42 km unter einem Winkel von 42,46° fliegen.

4. 3. Winkel im Dreieck: 54°.
a) Entfernung zu H_1: Höhe von H_1 auf gegenüberliegende Seite h_1 aus $\frac{h_1}{8} = \sin 74°$, $h_1 = 7{,}69$ km. Entfernung Schiff von H_1 x aus $\frac{h_1}{x} = \sin 54°$; $x = 9{,}505$. Die Entfernung des Schiffs von H_1 ist 9,5 km.
Analog: Die Entfernung y des Schiffs zu H_2 ist 7,8 km.
b) Entfernung d zum Ufer aus $\frac{d}{x} = \sin 52°$ oder aus $\frac{d}{y} = \sin 74°$, $d = 7{,}490$; die Entfernung des Schiffs vom Ufer ist gerundet 7,5 km.

5. (hier ohne Zeichnung)
a) $S(-0{,}9 \mid 4{,}1)$; b) $A(-5 \mid 0)$; $B(0 \mid -1)$
c) $a = \overline{SB} = 5{,}2$ cm; $b = \overline{AS} = 5{,}8$ cm; $c = \overline{AB} = 5{,}1$ cm; $\alpha = 56{,}3°$; $\beta = 68{,}7°$; $\gamma = 55°$; $A = 12{,}3\ \text{cm}^2$

Entdeckungen in beliebigen Dreiecken

125 A1 ① $h = b \cdot \sin \alpha$
② $h = a \cdot \sin \beta$
④ $\frac{b}{\sin \beta} = \frac{a}{\sin \alpha}$

A2 ① $h = c \cdot \sin \beta$
② $h = b \cdot \sin \gamma$
④ $\frac{b}{\sin \beta} = \frac{c}{\sin \gamma}$

A3 ① $h = c \cdot \sin \beta$
② $h = b \cdot \sin(180° - \gamma) = b \cdot \sin \gamma$
(vgl. S. 110, Aufgabe 2)
④ $\frac{c}{\sin \gamma} = \frac{b}{\sin \beta}$

Sinussatz in beliebigem Dreieck: $\frac{a}{\sin \alpha} = \frac{b}{\sin \beta} = \frac{c}{\sin \gamma}$

B1 ① $h^2 = b^2 - x^2$
② $h^2 = a^2 - (c - x)^2$
⑤ $a^2 = b^2 + c^2 - 2bc \cdot \cos \alpha$

B2 ① $h^2 = b^2 - x^2$
② $h^2 = c^2 - (a - x)^2$
⑤ $c^2 = a^2 + b^2 - 2ab \cdot \cos \gamma$

B3 ① $h^2 = a^2 - x^2$
② $h^2 = b^2 - (x - c)^2$
⑤ $b^2 = a^2 + c^2 - 2ac \cdot \cos \beta$
Kosinussatz in beliebigem Dreieck: B1 ⑤; B2 ⑤; B3 ⑤

Sinussatz und Kosinussatz

126

1. mit Sinussatz; alle Ergebnisse auf Zehntel gerundet
   a) $\gamma = 83°$ $a = 5{,}8$ cm $b = 6{,}8$ cm
   b) $\gamma = 55°$ $c = 9{,}1$ m $b = 5{,}0$ m
   c) $\alpha = 25{,}3°$ $\beta = 47{,}7°$ $b = 8{,}1$ cm

2. mit Kosinussatz; alle Ergebnisse auf Zehntel gerundet
   a) $a = 7{,}4$ cm b) $b = 11{,}1$ m

3. z. B. α aus $\cos\alpha = \frac{(b^2 + c^2 - a^2)}{2bc}$, β und γ aus Sinussatz
   a) $\alpha = 63{,}7°$; $\beta = 39{,}3°$; $\gamma = 76{,}8°$
   b) $\alpha = 28{,}6°$; $\beta = 109{,}7°$; $\gamma = 41{,}7°$ (Hinweis: zunächst ergibt sich $\beta' = 70{,}2°$; damit ist Winkelsumme >180°. Einer der Winkel muss also der Nebenwinkel (Ergänzung zu 180°) zum berechneten sein (wegen $\sin\beta = \sin(180° - \beta)$). Der größte Winkel liegt der größten Seite gegenüber, ist hier also β; berechne $\beta = 180° - \beta'$.)

4. a) –
   b) SWS: Mit Kosinussatz die dritte Seite berechnen, dann mit Sinussatz die restlichen Winkel. Für den Sinussatz fehlen zu Beginn die gegenüberliegenden Winkel zu den zwei gegebenen Seiten bzw. die Seite, die dem gegebenen Winkel gegenüberliegt.
   WSW: mit Winkelsummensatz den dritten Winkel berechnen, dann mit Sinussatz die fehlenden Seiten. Für den Kosinussatz fehlt zu Beginn eine Seitenlänge.
   SSS: mit Kosinussatz erst einen Winkel berechnen (vgl. Aufgabe 3), dann mit Sinussatz die weiteren Winkel; oder: alle 3 Winkel mit dem Kosinussatz berechnen bzw. 2 winkel berechnen, den dritten über die Winkelsumme im Dreieck. Für den Sinussatz braucht man mindestens einen Winkel.
   SsW: Mit Sinussatz den der kürzeren gegebenen Seite gegenüberliegenden Winkel berechnen, über Winkelsumme im Dreieck den dritten Winkel bestimmen. Dann mit Sinussatz oder Kosinussatz die dritte Seite berechnen. Für den Kosinussatz fehlt zu Beginn der eingeschlossene Winkel oder die dritte Seite.

5. a), b) Anzeige TR: (1) $\gamma = 58{,}9°$ (2) $\gamma = 48{,}5°$
   (der Taschenrechner zeigt immer einen Winkel < 90° an; wenn der tatsächliche Winkel zwischen 90° und 180° liegt, muss wegen $\sin\alpha = \sin(180° - \alpha)$ der Ergänzungswinkel zu 180° gewählt werden.)
   In Dreieck (1) ist $\gamma = 58{,}9°$ die richtige Lösung; mit dem Ergänzungswinkel (121,1°) wird die Winkelsumme im Dreieck überschritten.
   In Dreieck (2) gibt es für γ zwei Möglichkeiten, denn der bekannte Winkel (22°) liegt der kürzeren Seite gegenüber und das Dreieck ist dadurch nicht eindeutig konstruierbar. In der Skizze ist $\gamma > 90°$, im gezeigten Dreieck ist somit $\gamma = 180° - 48{,}5° = 131{,}5°$.

Vermischte Aufgaben

127 1. a) $a = 3{,}09$ km
b) $x = 1\,039$ m
c) $\alpha = 49{,}1°$; $\beta = 84{,}9°$; $\gamma = 46°$

2. Entfernung der Flugzeuge um 13:00 Uhr: 565 km [zurückgelegte Strecken: Airbus: 500 km; Boeing: 700 km]

3. a) Flugstrecke: 15 km b) P_1K: 16,94 km; P_2K: 10,56 km

4. a) $h_c = 6{,}2$ cm; $c_1 = 10{,}3$ cm; $c_2 = 4{,}5$ cm; $c = 14{,}8$ cm; $A = 45{,}66\ \text{cm}^2$
b) $\alpha = 74°$; $c = 9{,}9$ m; $h_b = 9{,}52$ m; $A = 38{,}05\ \text{m}^2$
c) $\alpha = 45{,}3°$; $h_c = 5{,}1$ cm; $A = 32{,}32\ \text{cm}^2$

5. a) $A = 233\,518\ \text{m}^2$ b) Preis: 1 984 903 € c) Preis pro m^2: 2,50 €

Steigungswinkel einer Geraden

128 1. $\tan \alpha = m$
Den Steigungswinkel α einer Geraden kann man berechnen aus der Formel $\tan \alpha = m$, wobei m die Steigung der Geraden ist.
Fällt die Gerade, ergibt sich ein negativer Winkel.

2. Steigungswinkel α:

a) 71,6°	b) 68,2°	c) 26,6°	d) 54,5°
e) –56,3° (123,7°)	f) –64,5° (115,5°)	g) –31° (149°)	h) –59,5° (120,5°)

3. a) $y = 0{,}7x + 3$ b) $y = -1{,}2x + 4$ c) $y = 2{,}6x - 5$ d) $y = -0{,}3x - 0{,}5$

4. $\alpha = 45°$ ($m = 1$)

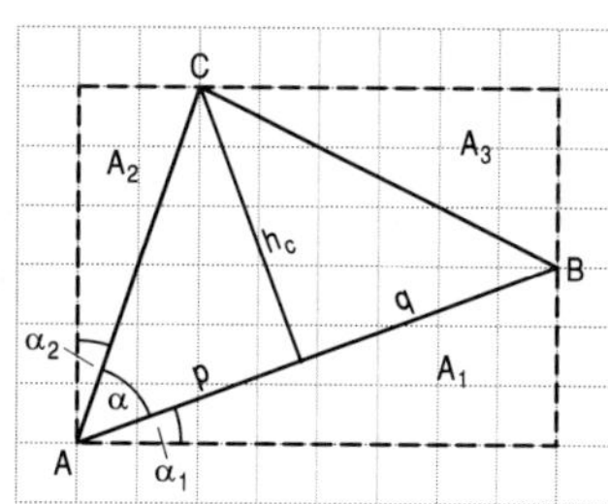

5. $a \approx 6{,}7$ cm; $b \approx 6{,}3$ cm; $c \approx 8{,}5$ cm
mit Pythagoras;
$\alpha \approx 51°$ $\beta \approx 47°$ $\gamma \approx 82°$
(z. B. mit Kosinussatz)
a) –
b) ohne Trigonometrie:
$$A_\Delta = A_\square - A_1 - A_2 - A_3 = 48\ \text{cm}^2 - 12\ \text{cm}^2 - 6\ \text{cm}^2 - 9\ \text{cm}^2 = 21\ \text{cm}^2$$
mit Trigonometrie: $\sin \alpha = \frac{h_c}{b}$
$h_c \approx 4{,}9$ cm; $A \approx \frac{1}{2} \cdot 4{,}9\ \text{cm} \cdot 8{,}5\ \text{cm} \approx 21\ \text{cm}^2$

6. a) (1) $(180° - 129°) + 39° = 90°$
(2) $(180° - 113°) + 23° = 90°$
(3) $(180° - 148°) + 58° = 90°$
(Betrachte jeweils die Winkelsumme im Dreieck aus den beiden Geraden und der x-Achse.)
b) (1) $m_1 = 0{,}809..$; $m_2 = -1{,}234..$
(2) $m_1 = 0{,}424..$; $m_2 = -2{,}355..$
(3) $m_1 = 1{,}600..$; $m_2 = -0{,}624..$
$m_1 \cdot m_2 = -1$ für Beispiele (1) bis (3)
c) $\frac{m}{1} \cdot \frac{-1}{m} = -1$ (Steigungsdreiecke sind um 90° gedreht zueinander, also kongruent.)

Weitere Zusammenhänge begründen

129 1. $(\sin\alpha)^2 + (\cos\alpha)^2 = 1$

Begründung: Das rechts abgebildete Dreieck ist rechtwinklig mit den Kathetenlängen sin α und cos α und der Hypothenuse der Länge 1. Mit dem Satz des Pythagoras gilt also: $(\sin\alpha)^2 + (\cos\alpha)^2 = 1^2 = 1$.

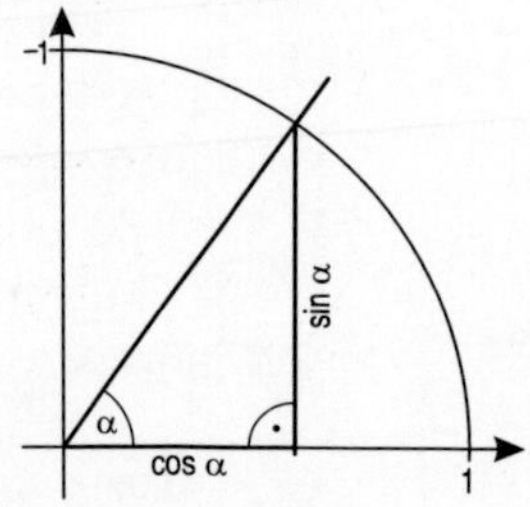

2. a) Das Dreieck mit den Eckpunkten (0|0), (1|0) und T hat die Winkel 45°, 90° und 45°, ist also gleichschenklig. T hat damit die Koordinaten (1|1), tan 45° = 1.
   b) Das Dreieck in der Zeichnung ist gleichseitig, denn alle Winkel betragen 60°. Aus Symmetriegründen ist daher $\sin 30° = \frac{1}{2}$.

3. a) Pythagoras (s. auch Aufg. 1) $(\cos 30°)^2 + (\sin 30°)^2 = (\cos 30°)^2 + (\frac{1}{2})^2 = 1$;
   also $(\cos 30°)^2 = \frac{3}{4}$; $\cos 30° = \frac{1}{2} \cdot \sqrt{3}$
   b) Die beiden rechtwinkligen Dreiecke (eine Seite auf x-Achse bzw. y-Achse, Hypotenuse = Kreisradius) sind kongruent (z. B. durch Spiegelung an der Geraden zu y = x in einander übergeführt).

4. a) Mit Strahlensatz und den Ergebnissen aus Aufgabe 3:
   $\frac{\tan 60°}{1} = \frac{\sin 60°}{\cos 60°} = \frac{\frac{1}{2}\cdot\sqrt{3}}{\frac{1}{2}} = \sqrt{3}$
   b) analog: $\tan 30° = \frac{\sin 30°}{\cos 30°} = \frac{\frac{1}{2}}{(\frac{1}{2}\cdot\sqrt{3})} = \frac{1}{\sqrt{3}} = \frac{1}{3}\cdot\sqrt{3}$

Flächenberechnung von Dreiecken mit Winkelfunktionen

130 1. a) hier ohne Zeichnung; $h_{106} = 116{,}6$ m oder $h_{172} = 71{,}9$ m; damit $A = 6182{,}1$ m²
   b), c) Fehler in 1. Druck (andere Werte in Zeichnung), richtig:
   $A = (\underline{172 \cdot 106} \cdot \sin 42{,}7 \cdot 0{,}5)$ m²
   Die Höhe, die auf die Seite der Länge 106 m trifft (außerhalb des gegebenen Dreiecks liegend), lässt sich aus $h = 172 \cdot \sin 42{,}7°$ berechnen. Mit der Grundseite 106 m ist $A = 0{,}5 \cdot g \cdot h = 0{,}5 \cdot 106 \cdot 172 \cdot \sin 42{,}7°$, wie gegeben.

2. a) Kennt man zwei Seiten und den eingeschlossenen Winkel, dann berechnet sich der Flächeninhalt als Produkt aus den beiden Seiten und dem Sinus des eingeschlossenen Winkels.
   Z. B. in Dreieck (1): $h_c = a \cdot \sin\beta$; $A = \frac{1}{2} \cdot c \cdot h_c = \frac{1}{2} c \cdot a \cdot \sin\beta$;
   in Dreieck (2): $h_a = b \cdot \sin\gamma$; $A = \frac{1}{2}\, a \cdot h_a = \frac{1}{2}\, a \cdot b \cdot \sin\gamma$;
   in Dreieck (4): $h_c = b \cdot \sin\alpha$; $A = \frac{1}{2}\, c \cdot h_c = \frac{1}{2}\, c \cdot b \cdot \sin\alpha$.
   In Dreieck (3) muss zuerst (z. B. mit dem Sinussatz) der Winkel γ und dann über die Winkelsumme im Dreieck Winkel β berechnet werden; dann analoges Vorgehen.

130 3. a) –

b) linkes Teildreieck: $A_1 = \frac{1}{2} \cdot 8 \cdot 5 \cdot \sin 31° \text{ cm}^2 = 10{,}3 \text{ cm}^2$;

rechtes Teildreieck: $A_2 = \frac{1}{2} \cdot 8 \cdot 7 \cdot \sin 51° = 21{,}76 \text{ cm}^2$;

Viereck: $A = 32{,}06 \text{ cm}^2$

4. a) mit Kosinussatz einen Winkel berechnen, z. B. den Winkel, der der Seite mit 7,5 m gegenüberliegt: $\gamma = 78{,}8°$; $A = \frac{1}{2} \cdot 5{,}7 \cdot 6{,}1 \cdot \sin 78{,}8°$, $A = 17{,}05 \text{ m}^2$

b) Dritter Winkel im Dreieck ist $\gamma = 49°$; mit Sinussatz die Seite, die dem Winkel 97° gegenüberliegt, berechnen: b = 8,8 cm; $A = \frac{1}{2} \cdot 6{,}7 \cdot 8{,}8 \cdot \sin 34°$; $A = 16{,}5 \text{ cm}^2$

Periodische Vorgänge

131 1.

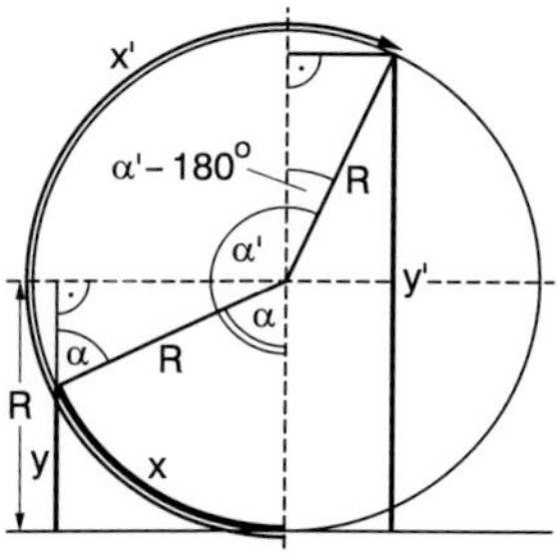

Der von der Gondel zurückgelegte Weg x und die Höhe über dem Boden y sind beide vom „Drehwinkel“ α abhängig:

$x = 2\pi R \cdot \frac{\alpha}{360°}$

$y = R - R\cos\alpha$ (für $0 \le \alpha \le 90°$)

$y = R + R\cos(180° - \alpha)$ (für $90° < \alpha \le 180°$)

$y = R + R\cos(\alpha - 180°)$ (für $180° < \alpha \le 270°$)

$y = R - R\cos(360° - \alpha)$ (für $270° < \alpha \le 360°$)

R = 6 m; Umfang $u = 2\pi \cdot 6$ m; $u \approx 37{,}7$ m

Wertetabelle:

α	0°	10°	20°	30°	45°	60°	75°	90°		360°
x	0	1,04	2,09	3,14	4,71	6,28	7,85	9,42		37,7
y	0	0,09	0,36	0,80	1,76	3	4,45	6	…	0

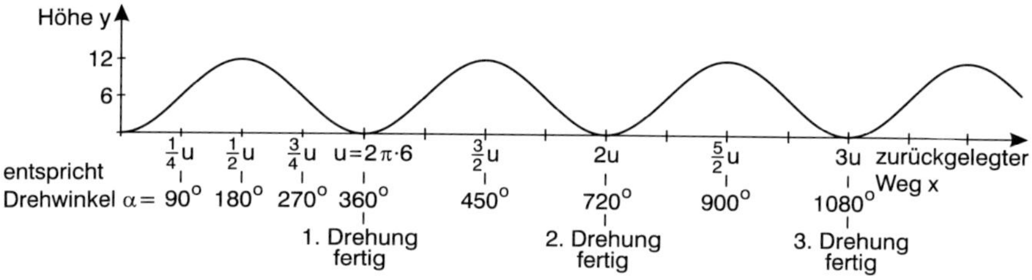

2. a)

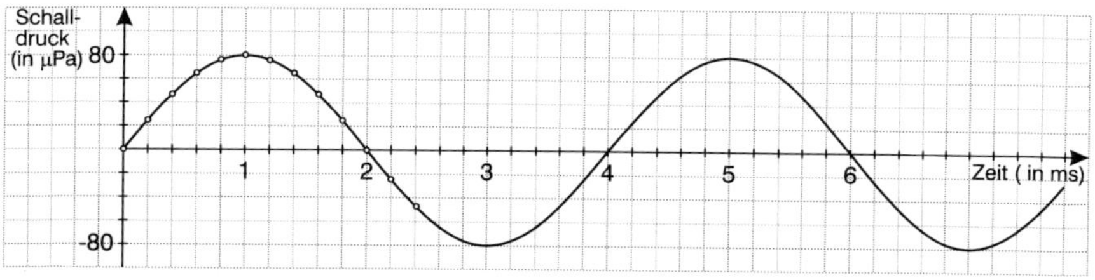

131 b) eine vollständige Schwingung in 4 ms, also in $\frac{4}{1000}$ Sekunden

$\Leftrightarrow$ 250 Schwingungen in 1 s

$\Leftrightarrow$ Frequenz 250 Hz

$\Leftrightarrow$ Ton h („in der kleinen Oktave", am Klavier neben dem „mittleren c"; bei Gitarre zweithöchste Saite (Tonhöhe)

c) –

Bogenmaß und Parameter

Die meisten Funktionsplotter (z. B. GeoGebra) bieten die Möglichkeit an, die Skalierung der x-Achse zu ändern. Um Verschiebungen in x-Richtung und die Umrechnung von Gradmaß in Bogenmaß zu verdeutlichen, wurde hier die x-Achse in Vielfache von $\frac{\pi}{2}$ skaliert.

132 1. a)

α	25°	137°	268°	73°	311°	145°	360°
b_α	0,436	2,391	4,677	1,274	5,428	2,531	6,283

b) $b_\alpha = \frac{\alpha}{180°} \cdot \pi$; $\alpha = \frac{b_\alpha}{\pi} \cdot 180°$

c) ① $b_\alpha = 2{,}86 \Rightarrow \alpha = 164°$

$\sin 164° \approx 0{,}277886$

② $b_\alpha = 2\pi \Rightarrow \alpha = 360°$

③ $b_\alpha = \frac{\pi}{2} \Rightarrow \alpha = 90°$

2.

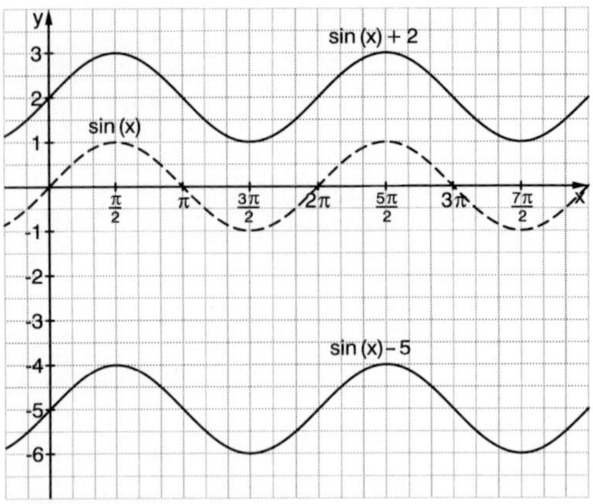

Bei der Funktion f(x) = sin (x) + a beschreibt der Parameter a die Verschiebung des Graphen der Sinusfunktion längs der y-Achse:

Für a > 0 Verschiebung um a nach oben

Für a < 0 Verschiebung um |a| nach unten

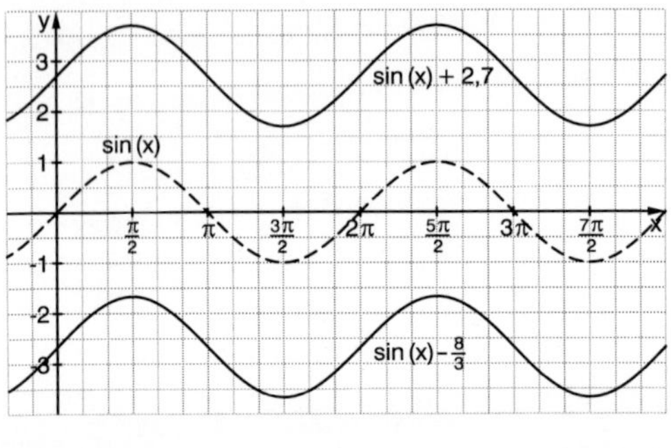

132

3.

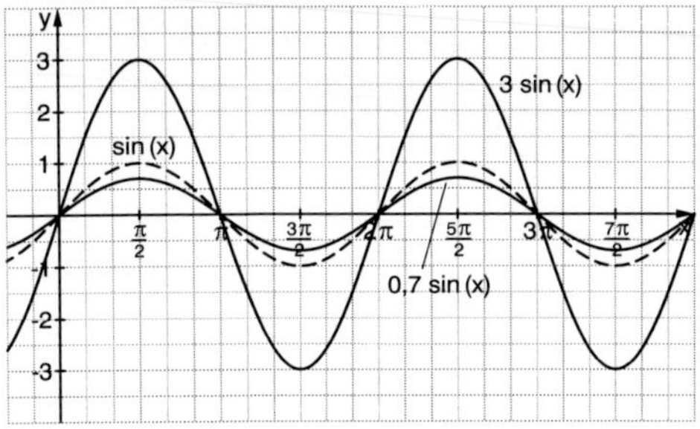

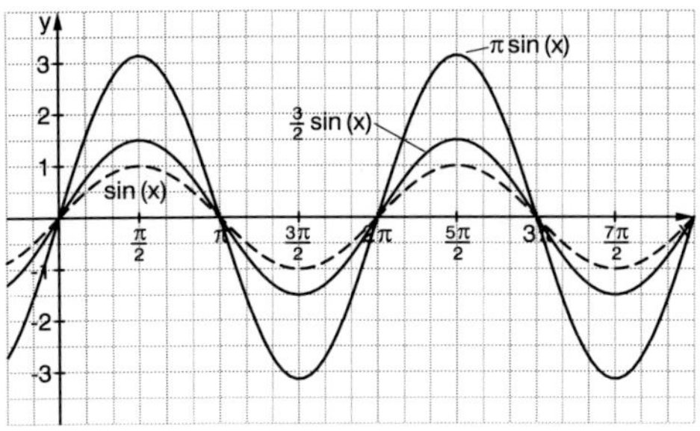

In der Funktion $f(x) = a \cdot \sin(x)$ ist der Parameter $a > 0$ die Amplitude der Funktion, d. h. der Maximalausschlag nach oben bzw. unten.

4.

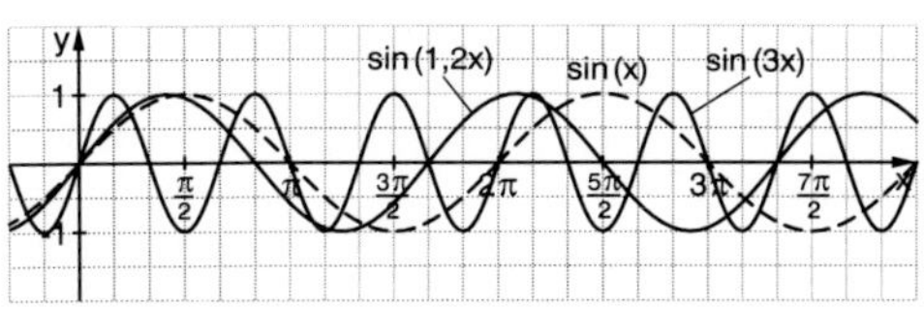

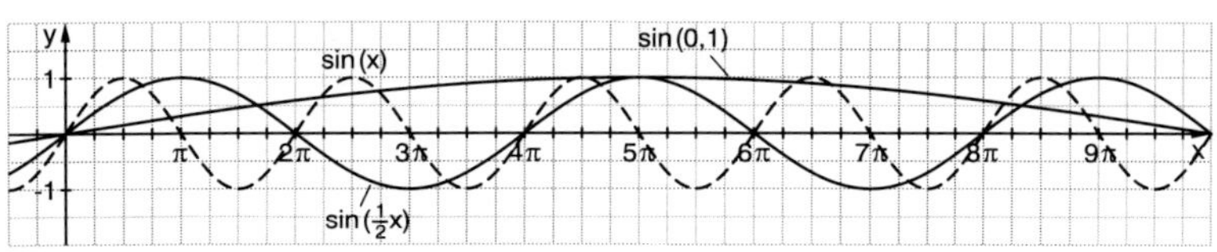

In der Funktion $f(x) = \sin(a \cdot x)$ bedeutet der Parameter $a > 0$:

Für $a > 1$	eine Stauchung der Sinusfunktion (mehr Perioden im gleichen Intervall als bei $f(x) = \sin(x)$)
Für $0 < a < 1$	eine Streckung der Sinusfunktion (weniger Perioden im gleichen Intervall als bei $f(x) = \sin(x)$)

132 5.

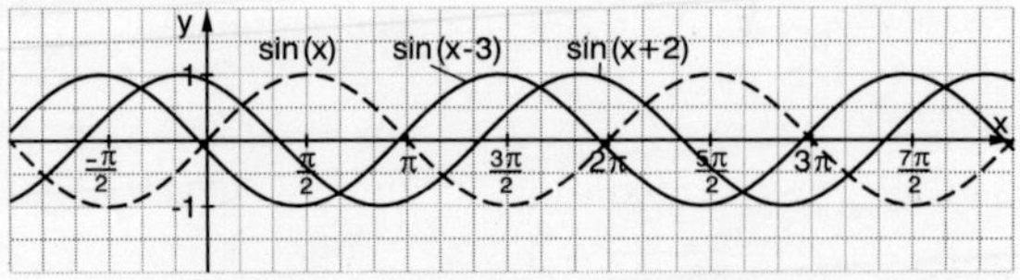

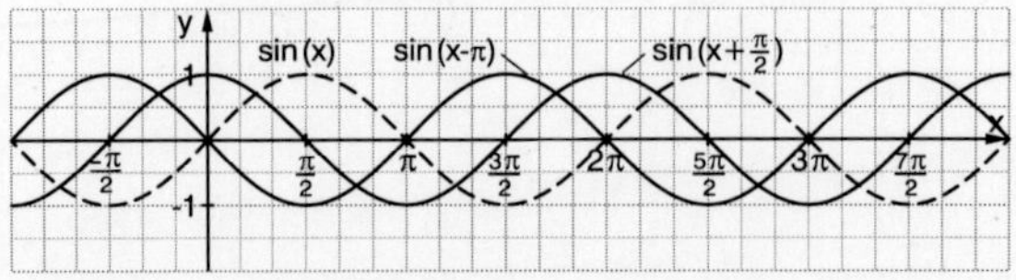

Bei der Funktion f(x) = sin (x + a) beschreibt der Parameter a die Verschiebung des Graphen der Sinusfunktion längs der x-Achse.

Für $a < 0$ Verschiebung um $|a|$ nach rechts

Für $a > 0$ Verschiebung um a nach links

$\sin\left(x + \frac{\pi}{2}\right) = \cos(x)$

6.

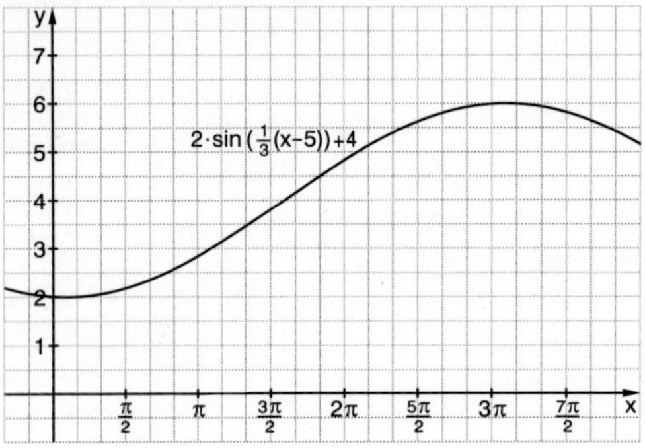

6 Exponentielles Wachstum

135 Lagos: Annahme 1 (Oben) lineares Wachstum: + 1 000 pro Tag;
ergibt für Jahr 2015: 10,3 Mio. + 365 000 · 20 = 17,6 Mio.
Annahme 2 (unter dem Bild) exponentielles Wachstum: + 4,6 % im Jahr
ergibt für Jahr 2012: 10,3 Mio. · $1{,}046^{20}$ = 25,3 Mio.

Annahme 2 passt besser zum Wert der Prognose (24,4 Mio.), um diesen Wert genau zu erreichen müsste die Wachstumsrate bei 4,4 % liegen.

Geldanlage:
Kapital nach 5 Jahren (wenn die Zinsen nicht abgehoben werden, sondern weiter mitverzinst): 10 000 € · $1{,}039^5$ = 12 108,15 €
Bei der Mindesteinlage von 10 000 € würde man in den 5 Jahren 2 108,15 € Zinsen (mit Zinseszinsen) erhalten.

Radioaktiver Zerfall:
Irrtum, nach 60 Jahren hat sich die Belastung zweimal halbiert, es ist dann noch ein Viertel des ursprünglichen Werts übrig.

Wachstum und Veränderung

36/137 1. Ahnentafel (exponentielles Wachstum):
Vorfahren in der 6. (7., 8., 9.) Generation: 2^6 (bzw. 2^7, 2^8, 2^9)
Mit jeder Generation verdoppelt sich die Anzahl der Vorfahren.
$y = 2^x$ (y: Anzahl der Vorfahren, x: Generation; x = 1: Eltern, x = 2: Großeltern usw.)
Da jeder Mensch 8 Urgroßeltern hat, haben diese zusammen 64 Urgroßeltern.

2. Wasserdruck (lineares Wachstum):
Druck an Wasseroberfläche: 1 bar, in 10 m Tiefe: 2 bar; in 20 m Tiefe: 3 bar, in 38 m Wassertiefe herrschen 4,8 bar.
Alle 10 m (Wassertiefe) nimmt der Druck um (linear) 1 bar zu.
$y = 1 + \frac{1}{10}x$ (y: Druck in bar, x: Wassertiefe in m)

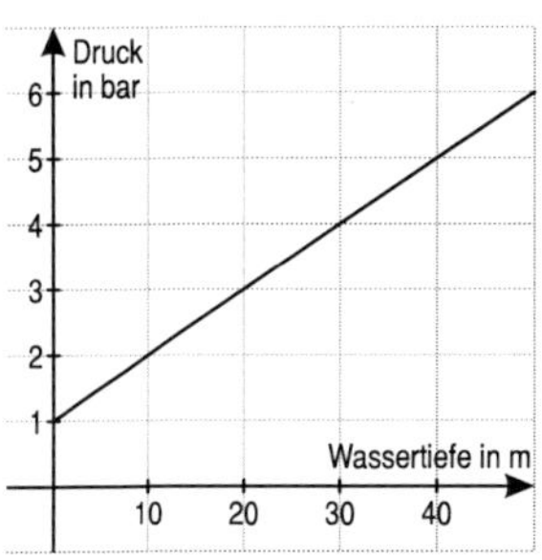

136/137

3. Licht (exponentielles Wachstum bzw. exponentielle Abnahme):
   Wasseroberfläche: 5 000 lux
   In 1 m Tiefe: 2 000 Lux
   In 2 m Tiefe: 800 Lux
   In 3 m Tiefe: 320 Lux

   Pro Meter nimmt die Intensität um $\frac{3}{5}$ ab, sinkt also auf $\frac{2}{5}$ des Werts.

   Gleichung: $y = (\frac{2}{5})^x \cdot 5\,000$ (y: Lichtintensität in Lux, x: Wassertiefe in m)

   Nach ca. 0,76 m = 76 cm Wassertiefe hat sich die Lichtstärke halbiert.

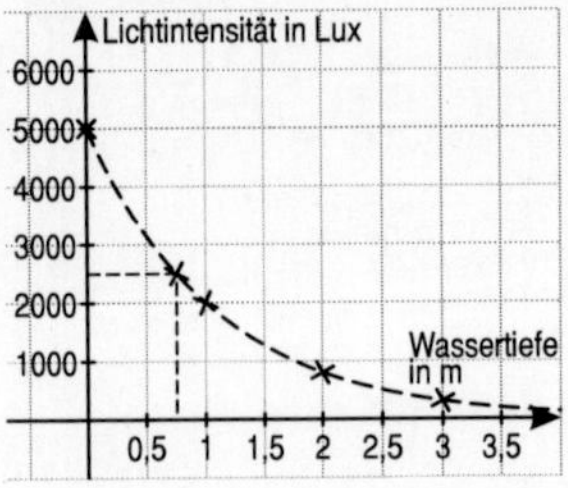

4. Immer mehr Speicherdichte (exponentielles Wachstum):
   – 10 Verdopplungen entsprechen ungefähr einer Multiplikation mit 1 000 (genau: mit 1 024). Eine Vertausendfachung der Anzahl der Transistoren, also dann ca. 4 Mio. Transistoren pro cm², war nach ca. 15 Jahren, im Jahr 1985, erreicht.
   – Gleichung: $y = 4\,004 \cdot 2^{(\frac{x}{1,5})}$
     1970 entspricht dem Jahr 0.

Anzahl Jahre	Transistoren pro cm²
0	4 004
1,5	8 008
3	16 016
4,5	32 032
6	64 064
9	256 256
12	1 025 024
15	4 100 096

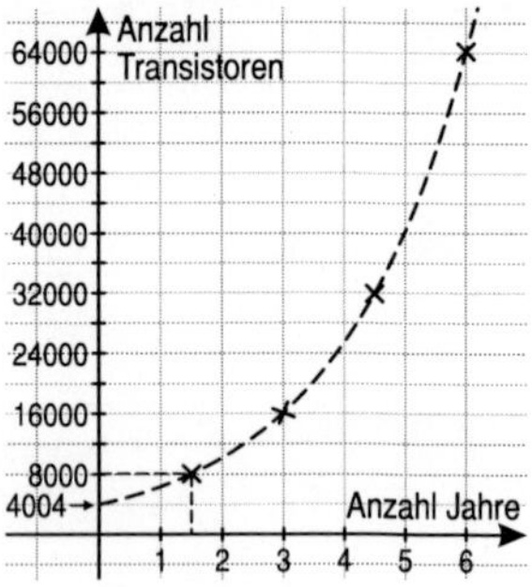

Im Jahr 2020 (d. h., 50 Jahre nach 1970) sind nach der Prophezeiung ca. 43 Billionen Transistoren pro cm² zu erwarten ($4\,004 \cdot 2^{\frac{50}{1,5}}$).

36/137 5. Eine runde Sache (quadratisches Wachstum):

Durchmesser in cm	Preis in €
5	7,75
10	31,00
15	69,75
20	124,00
30	279,00
40	496,00

(Durchmesser verdoppelt – Preis 4-mal so groß; Durchmesser dreimal so groß – Preis 9-mal so hoch; allgemein: Durchmesser n-mal so groß – Preis n^2-mal so hoch)

Gleichung: $y = 31 \cdot (\frac{x}{10})^2$ (y: Preis in €, x: Durchmesser in cm)

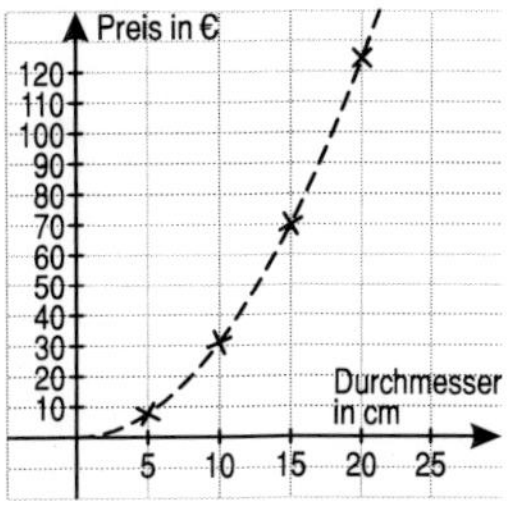

Exponentielles Wachstum

138 1. Exponentielles Wachstum bei:

A1 Ahnentafel; Gleichung $y = 2^x$

A3 Licht; Gleichung $y = (\frac{2}{5})^x \cdot 5\,000$

A4 Speicherdichte; Gleichung: $y = 4\,004 \cdot 2^{(\frac{x}{1,5})}$

2. a) $q = 3$ b) $q = \frac{1}{2}$ c) $q = 2$ d) $q = \frac{4}{10}$

3. a) (B) In gleichen Zeiteinheiten verdreifacht sich der Funktionswert.
   b) $y = 100 \cdot 3^x$

4. a)

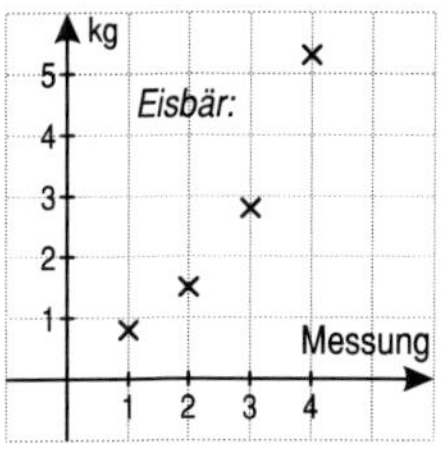

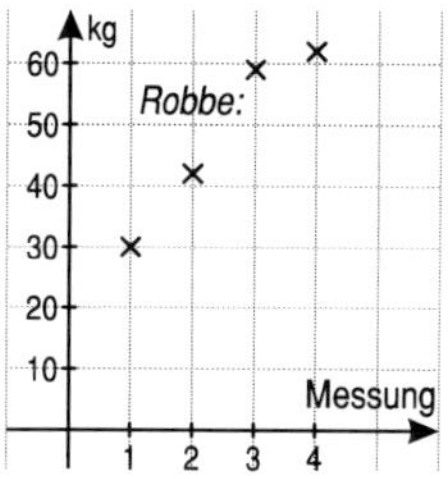

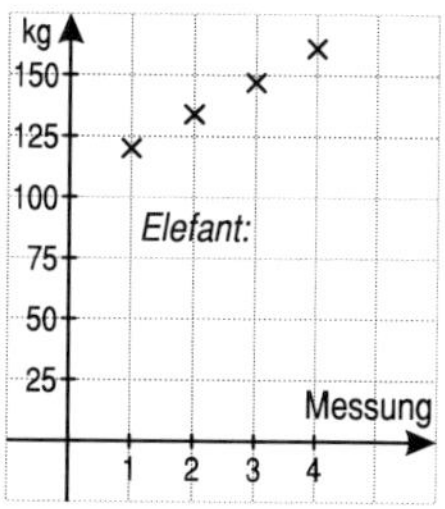

b) Das Gewicht des Eisbären wächst in etwa exponentiell.
Wachstumsfaktoren: von Messung (1) zu (2): $q_1 = 1,875$; von (2) zu (3): $q_2 = 1,867$; von (3) zu (4): $q_3 = 1,893$; im Schnitt $q = 1,87$ bis $1,88$

139

5. Im Durchschnitt wird die Anzahl der Stehenden jeweils um ca. 50 % abnehmen.

6. a)

Uhrzeit	Bakterien
12 Uhr	100
12:30 Uhr	200
13 Uhr	400
13:30 Uhr	800
14 Uhr	1 600
14:30 Uhr	3 200
15 Uhr	6 400
15:30 Uhr	12 800
16 Uhr	25 600
16:30 Uhr	51 200
17 Uhr	102 400

b)

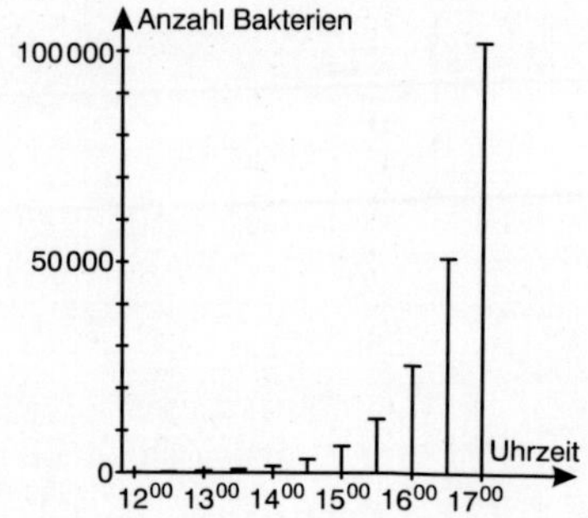

c) Um 11 Uhr waren 25 Bakterien vorhanden.

7. a) nach ca. 13,5 Stunden b) nach ca. 9 Stunden

8. a) $y = 2^{x-1}$ (x – Nummer des Stabs; y – Höhe des Stabs)
b) 2 cm; 4 cm; 8 cm; 16 cm; 32 cm; 64 cm
c) 11. Stab ca. 10 m; 21. Stab: 10 486 m; 31. Stab 10 737 418 m
d) mittlerer Abstand Erde–Mond: 384 400 km;
Der 37. Stab würde reichen, er wäre ca. 690 000 km lang.

9. a) Die installierte Leistung nimmt nur in den Anfangsjahren exponentiell zu.

b)

Jahr	Leistung	Faktor von Vorjahr zu Jahr
0	2082	
1	2875	1,381
2	4445	1,546
3	6095	1,371
4	8754	1,436

Die angegebenen Daten können mit einem Wachstumsfaktor von 1,43 ungefähr erreicht werden.

c) Ab 2006 nahm die Anzahl eher linear zu mit durchschnittlich ca. 1 650 MW mehr pro Jahr. Die Prognose für die folgenden Jahre wird somit:

2011	28 890 MW
2012	30 540 MW
2013	32 190 MW
2014	33 840 MW
2015	35 490 MW

Wachstumsrate – Wachstumsfaktor

140

1. a) $A_3 = 8\,100$ €
b) Bei Wert nach 20 Jahren ist Potenzieren am geeignetsten, da hier nur ein Rechenschritt durchzuführen ist: $A_{20} = 2\,400 \text{ €} \cdot 1{,}5^{20} \approx 8$ Mio. €
c) ja, exponentielles Wachstum mit Wachstumsfaktor q = 1,5
d) Exponentielle Abnahme, Wachstumsfaktor q = 0,95;
z. B. $A_3 = 2\,400 \text{ €} \cdot 0{,}95^3 = 2\,057{,}70$ €

140

2. a) $q = 1{,}4$ b) $q = 0{,}97$ c) $q = 1{,}014$ d) $q = 2$

3.

	Anfangsgröße	Wachstumsrate	Zeiteinheiten	Endwert
a)	4 500,00 €	20 %	7	16 124,31 €
b)	10 m^3	–15 %	3	6,141 m^3
c)	2,5 cm	25 %	4	6,10 cm
d)	3 m^2	–40 %	8	0,05 m^2

4. a) $y_n = 650 \text{ Mio.} \cdot 1{,}06^n$ (y: Umsatz in €, n: Jahre)
Umsatz nach 1 (2; 3; 4; 5) Jahren: 689 Mio. (730 Mio.; 774 Mio.; 821 Mio.; 870 Mio.)
b) $1{,}06^5 = 1{,}338$ → Umsatzsteigerung nach 5 Jahren ca. 33,8 %

5. a) Wachstumsrate: 14 % (pro Stunde); Wachstumsfaktor: 1,14

b)

Uhrzeit	Anzahl der Keime
06:00	846
07:00	965
08:00	1 100
09:00	1 254
10:00	1 430
11:00	1 630
12:00	1 858
13:00	2 118

c) –

6. a) $q = 2$ (für 10 Tage)
b) Nach 210 Tagen ist der Teich zugewachsen.
c) Fehler in 1. Druck; richtig: Wie groß war der Anteil der bedeckten Fläche am 10. Tag?
Am 10. Tag war $0{,}5 : 2^{19} \approx 0{,}000000954$, also weniger als $\frac{1}{1\,000\,000}$ des Sees zugewachsen.

Kapitalwachstum über mehrere Jahre

141

1. a) Aufgabe z. B.: Das Kapital von 1 000 € wird auf einem Sparbuch mit dem Jahreszinssatz 4 % angelegt. Wie viel Euro sind nach 5 Jahren auf dem Sparbuch, wenn man nichts abhebt, auch nicht die Zinsen?
b) Mehrere Lösungswege sind möglich: Tabellenkalkulation wie links; oder mit dem Taschenrechner: $1\,000\text{ €} \cdot 1{,}04^5 = 1\,216{,}65\text{ €}$

2. a) $K_3 = 4\,370{,}91$ € b) $K_5 = 2\,375{,}37$ € c) $K_6 = 13\,022{,}60$ €

3. a) Bei doppeltem Zinssatz 2p wird der Wachstumsfaktor $q' = 1 + \frac{2p}{100}$. In der Regel wird das Endkapital dabei nicht doppelt so hoch werden; dies kann nur erreicht werden bei sehr langen Laufzeiten oder sehr hohem Zinssatz.
z. B. $p = 5\,\%$, $n = 15$ Jahre; $K_{15} = 2{,}079 \cdot K_0$;
$2p = 10\,\%$, $n = 15$ Jahre; $K'_{15} = 4{,}177 \cdot K_0 = 2{,}009 \cdot K_{15}$
oder $p = 3\,\%$, $n = 25$ Jahre; $K_{25} = 2{,}094 \cdot K_0$;
$2p = 6\,\%$, $n = 25$ Jahre; $K'_{25} = 4{,}292 \cdot K_0 = 2{,}05 \cdot K_{25}$

141

b) Bei doppelter Zeit wird das Kapital nach n Jahren, K_n, noch mal mit dem Faktor $(1 + \frac{p}{100})^n$ multipliziert. Abhängig vom Zinssatz p % ist dies nur bei langer Zeitdauer mehr als doppelt so viel wie K_n.
z. B.: p = 5 %, n = 15 Jahre, $(1{,}05)^{15} = 2{,}079$;
p = 4 %, n = 18 Jahre, $(1{,}04)^{18} = 2{,}026$.

c) Bei doppeltem Anfangskapital $2 \cdot K_0$ wird auch das Endkapital immer doppelt so groß: $K_n' = 2K_0 \cdot q^n = 2(K_0 \cdot q^n)$

4. ① p % = 20 %; q = 1,2 ② p % = 25 %; q = 1,25
③ p % = 10 %; q = 1,1 ④ p % = 100 %; q = 2

5. Anfangskapital a) 500 € b) 834,83 € c) 30 137,75 €

6. a) 500 € waren auf dem Konto.
b) Bei gleichem Zinssatz wären es am 25. Geburtstag 1 046,89 €.

142

7. a) grüner Graph: 4 %; roter Graph: 6 %; blauer Graph: 8 %
Begründung: Je höher der Zinssatz, desto steiler verläuft der Graph.

b)

Zinssatz	4 %	6 %	8 %
Anfangskapital	1 643,85 €	1 494,52 €	1 361,17 €

c) Dies stimmt im Allgemeinen nicht, vgl. S. 141 Aufgabe 3.

8. a) p % = 3 % b) p % = 7 % c) p % = 5,5 %

9. Angebot A: Zinssatz p = 4,6 %; Angebot B: Zinssatz p = 5 %;
Angebot B ist günstiger.

10. a) Die Aufgabenstellung führt auf die Gleichung $1{,}06^n = 1{,}5$. Man kann sie mit den bisher bekannten Mitteln nicht nach der Variablen n auflösen. Daher müssen die Schüler entweder durch eine Intervallschachtelung oder wie im Beispiel mit einer Tabellenkalkulation probieren.
Nach 7 Jahren ist das Kapital auf über 300 € gewachsen.
b) –

11.

Zinssatz		1 %	5 %	10 %	15 %	20 %	25 %
Laufzeit bis zur Verdoppelung in Jahren	Verdopplungsregel	70	14	7	5	4	3
	Formel	70	14	7	5	4	3

die Verdopplungsregel gilt bis p % = 25 % sehr gut. Bei höheren Zinssätzen gibt es größere Abweichungen.

12. Verdoppelungsregel: p % = 7 %; Formel: p % = 7,2 %

13. a) K_8 = 4 938 €
b) K = 10 000
c) p % = 7 % (Verdoppelungsregel); Formel: 7,2 %

Regelmäßige Ein- und Auszahlungen

143
1. a) Es dauert 8 Jahre. K_8 = 10 026 €
   b) –

2. a) K_5 = 633,59 €; K_{10} = 1 564,55 €.
   b) Für p % = 3 % gilt K_7 = 3 946,17 €; für p % = 6 % gilt K_7 = 4 448,73 €.
   c) Für K_0 = 250 € gilt: K_{10} = 3 210,29 €.
   Für K_0 = 500 € gilt: K_{10} = 6 420,59 €.
   Regeln: Verdoppelung der Laufzeit oder des Zinssatzes führen im Allgemeinen nicht zur Verdoppelung des Endkapitals.
   Verdoppelung des Anfangskapitals führt zur Verdoppelung des Endkapitals.

3. 1 683,88 €

4. a) – b) 570,41 €

5. a) 5 632,98 €
   b) K_6 = 6 898,29 €, dies sind 99,29 € mehr als der Angebotspreis.
   c) K_8 = 9 582,80 €; neuer Preis: 8 158,80 €; das Ersparte reicht.

6. a) zu Beginn des 7. Jahres: 4 953,50 €
   b) Am Ende des 11. Jahres sind nach dem Abheben von 1 000 € noch 265,03 € auf dem Konto; am Ende des 12. Jahres dann mit Zinsen 270,33 €, diese können noch abgehoben werden, dann ist der Kontostand 0 €.
   c) –

Altersvorsorge

144
1. a) Restkapital nach 6 abgehobenen Raten: 12 386,61 €
   b) 18-mal; es bleiben 3 735,23 € übrig.
   c) Es verdoppelt sich nicht. 10 000 € Rate → 9-mal; 5 000 € Rate → Das Kapital steigt, da die Zinsen größer sind.

2. a) –
   b) Die jährliche Sparrate könnte um 2 118 € gesenkt werden auf 2 582 €.

Bleib FIT!

145
1. a) 20 Schüler M b) 3,25 A c) 3 Y

2. a) 12 km F b) 36 min L

3. m = –2 O; b = 5 W

4. a) 135 cm E b) 226 dm^2 R c) 53,5 l T d) 60 I

5. A = 38 cm^2 T; u = 29 cm A

6. a) b = 8 km N b) a = 9,6 km I

7. m = 3,535 kg C

Lösung: Mayflower, Titanic

Lineares, quadratisches und exponentielles Wachstum

146

1. exponentielles Wachstum: A1 Ahnentafel, A3 Licht, A4 Speicherdichte
   Lineares Wachstum: A2 Wasserdruck
   Quadratisches Wachstum: A5 Eine runde Sache

2. a) lineares Wachstum: (2); quadratisches Wachstum: (3);
   exponentielles Wachstum: (1), (5); keines davon: (4), (6)
   b) –

3. (1) lineare Zunahme (2) quadratische Zunahme (3) exponentielle Abnahme
   (4) quadratische Abnahme (5) lineare Abnahme (6) exponentielle Zunahme

4. a), b) (hier ohne Zeichnung)

Zeit in s	Höhe in m
0	30
0,5	28,75
1	25
1,5	18,75
2	10
2,5	–1,25

→ zwischen 2 und 2,5 Sekunden trifft der Stein das Wasser.
Rechnerisch: $-5t^2 + 30 = 0$, für $t = \sqrt{6} \approx 2{,}45$; nach t = 2,45 s trifft der Stein auf das Wasser.

5. a) –
   b) Hier handelt es sich um eine lineare Abnahme; nach 30 min. verringert sich die Höhe um 1,5 cm. Hier ohne Zeichnung, Wertetabelle:

Brenndauer (h)	0	0,5	1	1,5	2	2,5	3	3,5	4	4,5	5	5,5	6	6,5
Höhe (cm)	20	18,5	17	15,5	14	12,5	11	9,5	8	6,5	5	3,5	2	0,5

   c) $y = 20 - 3x$ (y: Höhe der Kerze in cm, x: Zeit in h)

147

6. a) annähernd linear von ca. 1974 bis 2025 (Der Graph verläuft gerade)
   b) von 1900 bis 1974; $q \approx 1{,}0149 \mathrel{\hat{=}} p\,\% = 1{,}49\,\%$
   c) Funktion ③ beschreibt die Weltbevölkerung in Mrd. Einwohner ab dem Jahr 2013.

7. (hier ohne Zeichnung)
   ①: exponentielles Wachstum: Preis = $1{,}30 \cdot 1{,}03^x$
   ②: lineares Wachstum: Preis = $1{,}30 + 0{,}12 \cdot x$
   ③: quadratisches Wachstum: Preis = $130 + 1^2 + 2^2 + \ldots + x^2$ (in Cent)

8. (1) Die Höhe steigt linear mit der Zeit, wenn die Anzahl der Tropfen pro Minute gleich bleibt, z. B. stets 1 000 Tropfen pro Minute (dann ist der Zylinder nach 10 Minuten voll).
   (2) Die Höhe steigt quadratisch, wenn die Anzahl der Tropfen linear zunimmt. Z. B.: Anzahl der Tropfen pro Minute immer um 300 steigend:

147

Zeit in min	0.	1.	2.	3.	4.	5.	6.	7.
Wasserhöhe zu Beginn (in mm)	0	30	90	180	300	450	630	840
Tropfen pro min	300	600	900	1200	1500	1800	2100	2400
Anstieg in mm	30	60	90	120	150	180	210	240
Wasserhöhe am Ende (in mm)	30	90	180	300	450	630	840	1080

Im Verlauf der 7. Minute ist hier der Zylinder voll.

(3) Die Höhe steigt exponentiell, wenn die Anzahl der Tropfen exponentiell zunimmt. Z. B.: Anzahl der Tropfen pro Minute verdoppelt sich immer.

Zeit in min	0.	1.	2.	3.	4.	5.	6.	7.	8.	9.
Wasserhöhe zu Beginn (in mm)	0	1	3	7	15	31	63	127	255	511
Tropfen pro min	10	20	40	80	160	320	640	1280	2560	5120
Anstieg in mm	1	2	4	8	16	32	64	128	256	512
Wasserhöhe am Ende (in mm)	1	3	7	15	31	63	127	255	511	1023

Der Zylinder wäre hier im Verlauf der 9. Minute voll.

Weltbevölkerung

148 1. a) Die Zeitdifferenz in Sekunden multipliziert mit 2,6 wird dazugerechnet.

b) Mit dem aktuellen Wachstum von 2,6 pro Sekunde ist der Zuwachs in einem Jahr 81 993 600 Menschen, das sind 1,17 % von 7 Mrd.

2. a) ca. 7,4 Mrd.

b)

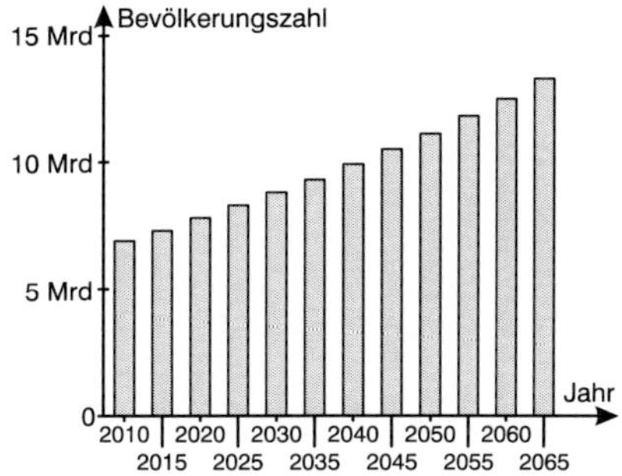

2010: 6,9 Mrd.; 2015: 7,3 Mrd.; 2020: 7,8 Mrd.; 2025: 8,3 Mrd.; 2030: 8,8 Mrd.; 2035: 9,3 Mrd.; 2040: 9,9 Mrd.; 2045: 10,5 Mrd.; 2050: 11,1 Mrd.; 2055: 11,8 Mrd.; 2060: 12,5 Mrd.; 2065: 13,3 Mrd.

c) –

148

3. a) $q = 1{,}0095$

Wachstumsfaktor für 10 Jahre: 1,0996

Wachstumsfaktor für 1 Jahr: 1,0095

Jahr	Bevölkerung in Mrd.
1805	1,00
1815	1,10
1825	1,21
1835	1,33
1845	1,46
1855	1,61
1865	1,77
1875	1,94
1885	2,14
1895	2,35
1905	2,58
1915	2,84
1925	3,12
1935	3,43
1945	3,78
1955	4,15
1965	4,57
1975	5,02
1985	5,52
1995	6,07
2005	6,68
2010	7,00

b)

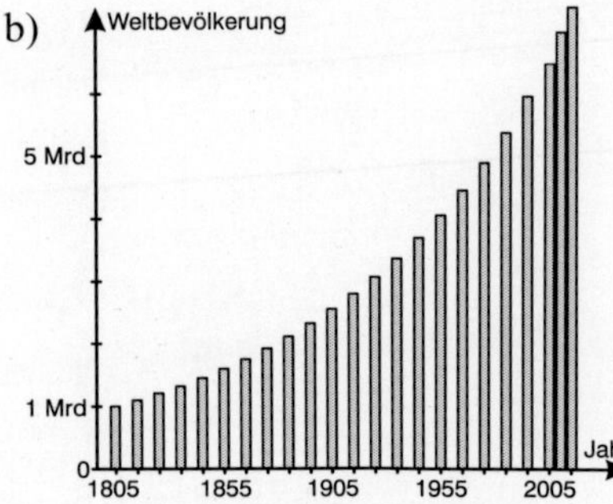

c) Bei diesem Wachstumsfaktor hätte es im Jahre 1200 nur ca. 3 800 Menschen auf der Welt gegeben, im Jahre Null hätte es nur 58 Menschen gegeben.

4. a), b)

	2010		2050	
	Anzahl	Anteil	Anzahl	Anteil
Nordamerika	350 Mio.	5 %	445 Mio.	3,8 %
Lateinamerika	560 Mio.	8 %	939 Mio.	8 %
Europa	770 Mio.	11 %	* 697 Mio.	5,9 %
Afrika	1 050 Mio.	15 %	2 711 Mio.	23,1 %
Asien	2 870 Mio.	41 %	5 206 Mio.	44,4 %
China	1 330 Mio.	19 %	1 624 Mio.	13,8 %
Ozeanien	70 Mio.	1 %	** 113 Mio.	1 %
Summe	7 000 Mio.		11 735 Mio.	

* für Europa wurde eine Wachstumsrate von –0,25 % angenommen (Mittelwert von Deutschland und Ungarn)

** für Ozeanien ist die Wachstumsrate 1,2 % (Fehler in 1. Druck, dieser Wert wurde irrtümlich nicht abgedruckt)

c) –

Exponentialfunktionen

149 1. Hier ohne Zeichnungen. Wertetabellen:

x	–2	–1,5	–1	–0,5	0	0,5	1	1,5	2	2,5	3
A $y = 2,5^x$	0,16	0,25	0,4	0,63	1	1,58	2,5	3,95	6,25	9,88	15,625
B $y = 0,4^x$	6,25	3,95	2,5	1,58	1	0,63	0,4	0,25	0,16	0,10	0,064
C $y = 2^x$	0,25	0,35	0,5	0,71	1	1,41	2	2,83	4	5,66	8
D $y = 0,5^x$	4	2,83	2	1,41	1	0,71	0,5	1,35	0,25	0,18	0,125

Die Funktionen $y = 2,5^x$ und $y = 2^x$ sind exponentielle Zunahmen, die Funktionen $y = 0,4^x$ und $y = 0,5^x$ sind exponentielle Abnahmen.
Die Graphen von $y = 2,5^x$ und $y = 0,4^x$ liegen symmetrisch bezüglich der y-Achse; ebenso die Graphen zu $y = 2^x$ und $y = 0,5^x$.
Alle Graphen gehen durch den Punkt (0|1).

2. –

3. (1) $y = 8^x$ beschreibt eine stärkere Zunahme als $y = 5^x$.
   (2) Bei $0 < q < 1$ fällt der Graph, er nähert sich dabei von oben der x-Achse an.
   (3) Potenzen mit Brüchen als Hochzahl (die als Wurzelterme geschrieben werden können), sind für negative Zahlen als Basis nicht definiert.
   (z. B. wäre $(-2)^{1/2} = \sqrt{(-2)}$, dies ist nicht definiert).
   Bei $q = 1$ gilt für jedes x $q^x = 1$, der Graph zu $y = 1^x = 1$ ist eine Gerade, die parallel zur x-Achse verläuft.
   (4) $23^0 = 1$ und $23^1 = 23$, also die Punkte (0|1) und (1|23)
   (5) Den Punkt (0|1) haben alle Exponentialfunktionen gemeinsam.
   (6) Es gilt $(\frac{1}{2})^x = (2^{-1})^x = 2^{-x}$, dieser Graph entsteht aus dem Graph zu 2^x durch Spiegelung an der y-Achse.

4. Torsten hat recht, wenn es sich um exponentielles Wachstum handelt, also für $q > 1$. Für exponentielle Abnahme ($0 < q < 1$) gilt, dass ab irgendeiner Stelle die Funktionswerte kleiner sind als bei entsprechender linearer bzw. potentieller Abnahme.

Exponentialfunktion

150 1. – (s. auch Merkkasten)

2. a) fallend: $y = (\frac{2}{5})^x$; $y = (\frac{2}{3})^x$; $y = 0,8^x$; $y = 0,1^x$ ($0 < q < 1$)
   steigend: $y = 1,05^x$; $y = (5/2)^x$; $y = 10^x$ ($q > 1$)
   b) stärkste Abnahme: $y = 0,1^x$ (kleinster Wert von q)
   größte Zunahme: $y = 10^x$ (größter Wert für q)

150 3. a) $y = 2^x$; f_2 $y = 2{,}5^x$; f_1 $y = 1{,}2^x$; f_4

Begründung: Es gilt immer f(1) = q

b) Für f_3 ist f(1) = 1,5, also gilt $y = 1{,}5^x$ (prüfen z. B. durch $f(2) = 1{,}5^2 = 2{,}25$; liegt auch auf Graph)

x schrittweise vergrößert um	y multipliziert mit
2	2,25
1	1,5
0,5	1,22

c) Der Graph zu $y = 1{,}8^x$ verläuft zwischen f_2 und f_3; er geht durch die Punkte (0|1) und (1|1,8). Für eine genauere Zeichnung müsste eine Wertetabelle angelegt werden.

4.

x	0	1	2	3	4	5	6	7	8	9	10	11	12
$y = 5x^2$	0	5	20	45	80	125	180	245	320	405	500	605	720
$y = 5 \cdot 2^x$	5	10	20	40	80	160	320	640	1 280	2 560	5 120	10 240	20 480

Veränderung der y-Werte	Quadratisches Wachstum $y = 5x^2$	Exponentielles Wachstum $y = 5 \cdot 2^x$
bei Erhöhung von x um 2	(abhängig von x)	Vervierfachung
bei Verdopplung von x	Vervierfachung	(abhängig von x)

Exponent gesucht

151 1. Im 12. Jahr ist das Kapitel auf über 700 € gewachsen (713 €)

2.

$2^x = 16$	$10^x = 1\,000$	$3^x = 27$	$10^x = 1$	$2^x = \frac{1}{2}$	$10^x = 0{,}01$	$3^x = \frac{1}{3}$	$5^x = 125$	$2^x = 1$	$2^x = \sqrt{}$
x = 4	x = 3	x = 3	x = 0	x = –1	x = –2	x = –1	x = 3	x = 0	x = 2

3.

$2^x = 10$	$10^x = 7$	$2^x = 20$	$3^x = 33$	$2^x = 1{,}5$	$10^x = 155$	$2^x = 8{,}5$
$3 < x < 4$	$0 < x < 1$	$4 < x < 5$	$3 < x < 4$	$0 < x < 1$	$2 < x < 3$	$3 < x < 4$

4.

$2^x = 3$	$2^x = 0{,}6$	$2^x = 1{,}3$	$2^x = 6$	$2^x = 1$	$2^x = 4{,}5$	$2^x = 5$	$2^x = 0{,}5$	$2^x = 0{,}8$	$2^x = 7$
$x \approx 1{,}6$	$x \approx -0{,}7$	$x \approx 0{,}4$	$x \approx 2{,}6$	x = 0	$x \approx 2{,}2$	$x \approx 2{,}3$	x = –1	$x \approx -0{,}3$	$x \approx 2{,}8$

Logarithmus

152 1. a) $2^3 = 8$; $2^2 = 4$; $2^1 = 2$; $2^{0{,}585\ldots} = 1{,}5$; für alle x ist $2^x > 0$, $2^x = -1$ ist für kein x möglich.

b) Pia meint, dass man beim Logarithmieren das Ergebnis des Potenzierens kennt, aber nicht den Exponenten. Ihre Formulierung könnte sein: Beim Bestimmen des Logarithmus geht es um die Frage: Wie muss der Exponent sein, damit $2^x = 8$ gilt?

2. a) Fehler in 1. Druck; 4. Aufgabe richtig: $\log_5(\underline{125}) = 3$.

Potenz-schreibweise	$b^x = y$	$10^2 = 100$	$2^3 = 8$	$\mathbf{5^3 = 125}$	$4^4 = \mathbf{256}$	$\mathbf{3^4 = 81}$
Logarithmus-schreibweise	$\log_b(y) = x$	$\log_{10}(100) = \mathbf{2}$	$\mathbf{\log_2(8) = 3}$	$\log_5(125) = 3$	$\mathbf{\log_4(256) = 4}$	$\log_3(81) = \mathbf{4}$

b) $\log_b(b) = 1$; $\log_b(1) = 0$

c) $b^a = x$, dann ist $a = \log_b(x)$, also $b^{\log_b(x)} = x$

152

3. a) $3 = \log_3 (27)$ b) $2 = \log_8 (64)$ c) $4 = \log_5 (625)$
   d) $-2 = \log_2 (0{,}25)$ e) $8 = \log_2 (256)$ f) $3 = \log_{0,5} (0{,}125)$

4. a) 4; $2^4 = 16$ b) 3; $8^3 = 512$ c) 4; $3^4 = 81$
   d) 2; $9^2 = 81$ e) –3; $10^{-3} = 0{,}001$ f) –3; $2^{-3} = \frac{1}{8}$

5. a) $\log (1\,000) = 3$, denn $10^3 = 1\,000$
   b) $\log (1\,000\,000) = 6$, denn $10^6 = 1\,000\,000$
   c) $\log (0{,}1) = -1$, denn $10^{-1} = 0{,}1$

6. a) $x = 3$ b) $x = 1{,}602$ c) $x = -0{,}301$

7. a) $10^{\log(2)} = \mathbf{2}$ b) $10^{\log(5)} = \mathbf{5}$
   c) $10^{\log(\mathbf{50})} = 50$ d) nicht lösbar (Potenzen von 10 sind immer positiv)

8. a) $\log (5\,700) = 3{,}756$
   $\log (570) = 2{,}756$
   $\log (57) = 1{,}756$
   $\log (5{,}7) = 0{,}756$
   Regel: $\log \left(\frac{a}{10}\right) = \log (a) - 1$
   b) Erklärung:
   mit Potenzgesetz: $10^{\log(a)-1} = \frac{10^{\log(a)}}{10} = \frac{a}{10}$
   c) $\log(0{,}57) = -0{,}244$
   Frederik hat recht: $0{,}756 - 1 = -0{,}244$, es wurde wieder 1 subtrahiert.

153

9. a) In Gleichung $2^x = 87$ schreibe links die 2 und rechts die 87 als Potenzen von 10: $2 = 10^{\log(2)}$; $87 = 10^{\log(87)}$.
   Mit dem 3. Potenzgesetz ist $2^x = (10^{\log(2)})^x = 10^{x \cdot \log(2)}$
   Auf beiden Seiten der Gleichung müssen die Exponenten (zur gleichen Basis 10) gleich sein:
   $x \cdot \log (2) = \log (87)$
   $x = \frac{\log (87)}{\log (2)} = 6{,}44$
   b) –
   c) Der Logarithmus einer Zahl y (y > 0) zu einer beliebigen Basis b (b > 0, b ungleich 1) lässt sich berechnen, indem der Zehnerlogarithmus von y durch den Zehnerlogarithmus von b dividiert wird.

10. gerundet auf Hundertstel: a) 2,25 b) –8,87 c) 3,57 d) –6,16 e) –3,09

11. a) 4,192 b) 3,113 c) 3,917 d) 46,271 e) 6,579
    f) 6,286 g) 12,204 h) –6,213 i) –2,060 j) 2,576

12. a) $x = 16{,}83$ b) $x = 5{,}63$ c) $x = 37{,}39$

13. nach 32 Jahren ($\log_{1,035} (3) = 31{,}935 \ldots$)

14. nach 4 Stunden $\left(\log_2 \left(\frac{30\,000}{3\,000}\right) = 3{,}3219 \ldots\right)$

15. nach 3 Jahren

153 16. nach 4 Jahren; bei doppeltem Zinssatz nach 2 Jahren.

17. Temperatur nach n Minuten:

$T_n = T_0 \cdot 0{,}9^{\frac{n}{5}}$

Temperatur nach 1 Minute:

$T_1 = T_0 \cdot 0{,}9^{\frac{1}{5}} = T_0 \cdot 0{,}979 = T_0\,(1 - 0{,}021)$;

d. h., nach 1 Minute nimmt die Temperatur um ca. 2,1 % ab.

halbe Temperatur:

$0{,}9^{\frac{x}{5}} = \frac{1}{2}$; $\frac{x}{5} = 6{,}579$; $x = 32{,}895$

nach etwa 33 Minuten ist die halbe Temperatur erreicht.

18. $10\,000 \cdot 0{,}5^{\frac{n}{30{,}2}} = 100$; $\frac{n}{30{,}2} = 6{,}644$; $n = 200{,}6488 \approx 201$

Nach ca. 201 Jahren wird die zusätzliche Radioaktivität noch etwa 100 Bq betragen.

19. $0{,}5^{\frac{n}{24\,000}} = 0{,}1$; $\frac{n}{24\,000} = 3{,}3219$; $n \approx 79\,726{,}27\ldots$

Nach etwa 79 726 Jahren ist noch $\frac{1}{10}$ der Anfangsradioaktivität vorhanden.

Altersbestimmung mit der C-14-Methode

154 1. a) ca. 18 000 Jahre b) $q = 0{,}99988$
c) 16 900 Jahre d) 16 600 Jahre bzw. 17 190 Jahre

2. Ötzi lebte vor 4 570 bis 4 720 Jahren.

3. Für die Altersbestimmung interessant: Wagenräder (Holz), Knochen (Mumie). Prozentanteil radioaktiven Materials C-14: 67,6 %, wenn der Tod 1339 v. Chr. eintrat.

7 Daten und Zufall

157 Der durchschnittliche Brutto-Verdienst stieg um fast 36 % (genau: 35,9 %). Der durchschnittliche Netto-Verdienst (nach Abzug von Steuern und Sozialabgaben) stieg nur um 28,7 %. Wird noch der Preisanstieg mitgerechnet, so sank das Realeinkommen sogar um 4,4 %.

Anzahl der vierstelligen PIN-Nummern, wobei die ersten beiden Ziffern gleich sind: 9 Möglichkeiten für die erste Ziffer (erste Ziffer ist keine 0), keine Auswahl mehr für die zweite Ziffer (ist gleich wie die erste), je 10 Möglichkeiten (unabhängig voneinander) für die 3. und die 4. Ziffer; insgesamt $9 \cdot 10 \cdot 10 = 900$ Möglichkeiten.

Grafische Darstellungen

158 1. Ⓐ, Ⓑ, Ⓒ: richtig, aber zu einseitig; stimmt nur beim Vergleich der Jahre 2006 und 1990. Beim Vergleich von 2006 und 1999 ist die Anzahl der Zufriedenen stark gesunken.
Ⓓ: richtig, aber zu einseitig; stimmt nur für die Jahre 1994–2001 (im Vergleich zu 1990), danach sank die Zahl der Zufriedenen stark.
Ⓔ, Ⓕ: informativ und richtig
Ⓖ: richtig, aber zu einseitig; stimmt nur für die Jahre 1990, 1991, 2006
Ⓗ: völlig falsch

2. a) Von 1991 bis 1999 stieg die Schülerzahl etwa linear von 11,6 auf 12,7 Mio.; dann fiel sie bis 2006 kontinuierlich auf 12,2 Mio. Die Prognose bis 2020 sagt exponentiell fallende Schülerzahlen auf 10,3 Mio. Schüler voraus.
b) Die Zahlen sind richtig eingezeichnet, die Hochachse beginnt jedoch nicht bei 0, sondern bei 9 Mio., sodass ein viel höherer Abfall der Zahlen suggeriert wird.
c) Die Linksachse könnte bei 0 beginnen und nach oben bis z. B. 20 Mio. zeigen, dann wirkt die Kurve viel flacher.

3. a) Die Überschrift passt zur Grafik. Neutraler wäre: „Mehr Geschwindigkeitsüberschreitungen erfasst".
b) ① und ②: richtig, gilt aber nur für die Jahre 1999 bis 2006.
③: stimmt nur im Durchschnitt der Jahre 1999 bis 2006
④: falsch
c) übertreiben: Die Darstellung beginnt im Jahr 1999 und endet 2006; die Breite der Grafik wird möglichst schmal gewählt. Die Linksachse beginnt mit 1,8 Mio. und endet oben bei 3,0 Mio.
untertreiben: Linksachse beginnt bei 0, endet bei z. B. 5 Mio. Die Zeitachse beginnt bei 2004 und endet bei 2009.

159 4. a) Dies ist die durchschnittliche Anzahl der vom 1. Oktober bis 31. Dezember täglich verkauften Exemplare.
b) Rolle 1: Die abgedruckte Grafik stellt die Daten schon verharmlosend dar. Man könnte die Überschrift ändern: „BILD am SONNTAG: fast 1,5 Mio. Leser"
Rolle 2: Die Grafik könnte bei 1 Mio. beginnen und eher höher und schmal angelegt werden. Überschrift: „Leserschwund bei BILD am SONNTAG"

159 c)

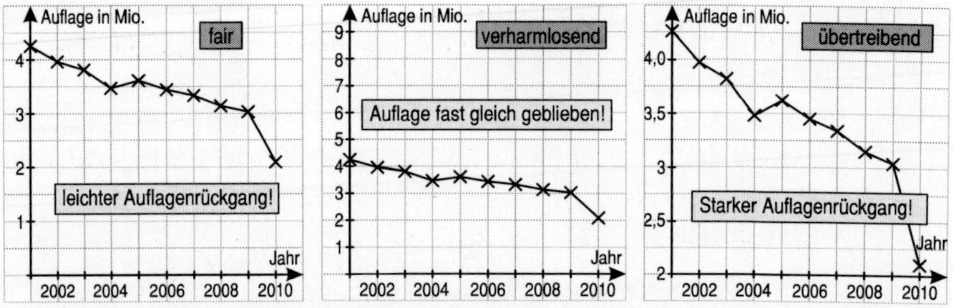

d) In absoluten Zahlen ist der Auflagenrückgang bei BILD viel größer, 1,35 Mio. im Vergleich zu 850 000 bei BILD am SONNTAG. Im prozentualen Anteil sank die Auflage bei BILD am SONNTAG um 36,5 %, bei BILD „nur" um 31,8 %.

5. a) Die Daten sind angemessen dargestellt. Eine verharmlosende Graphik könnte z. B. nur die Daten von 2005/06–2008/09 zeigen.
Eine zu dramatische könnte z. B. an der Hochachse erst bei 250 beginnen und nur die Daten von 2001/02, 2004/05 und 2008/09 anzeigen.

b) Körperliche Gewalt 65,1 %,
Bedrohung 19,3 %,
Beleidigung 4,4%,
Sexuelle Übergriffe 2,4 %,
Extremismus 2,1 %,
Mobbing 1,2 % und
Sonstiges 5,5 %

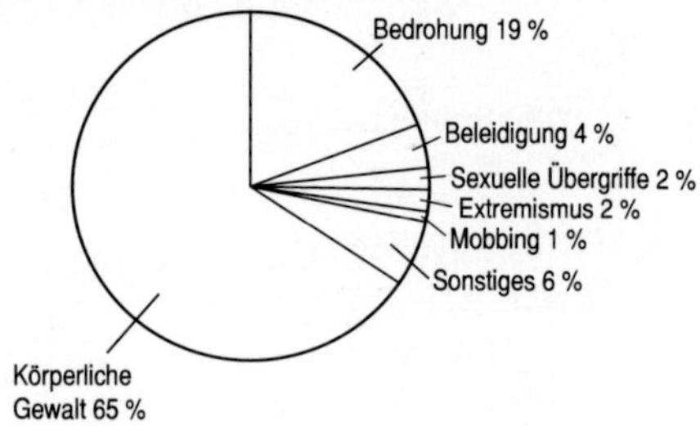

6. Die fett gedruckten Werte sind die Schätzwerte, die klein gedruckten geben an, in welchem Bereich der tatsächliche Wert vermutlich liegt. Anteile:

Nordamerika	4,5 %
Karibik	0,7 %
Lateinamerika	4,2 %
West- und Mitteleuropa	2,5 %
Naher Osten und Nordafrika	1,4 %
Afrika südl. der Sahara	67,7 %
Osteuropa und Zentralasien	4,2 %
Ostasien	2,3 %
Süd- und Süd-Ostasien	12,3 %
Ozeanien	0,2 %

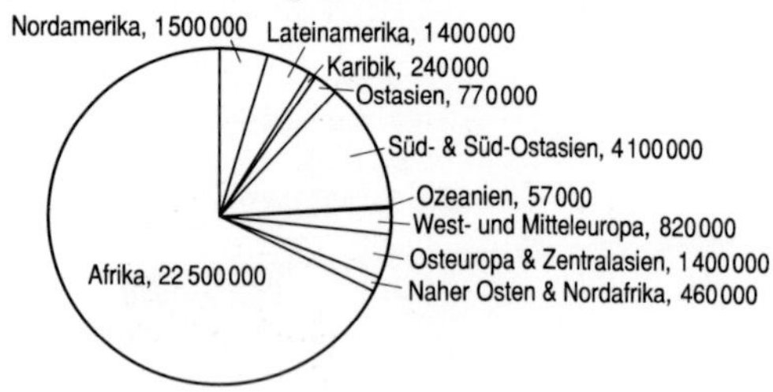

Mittelwert, Median, Spannweite und Boxplot

160 1. Stadt: Minimum: 59 €; unteres Quartil: 72 €; Median (= Zentralwert): 108,50 €; oberes Quartil: 144 €; Maximum: 225 €; Modalwerte: 72 €; 125 €

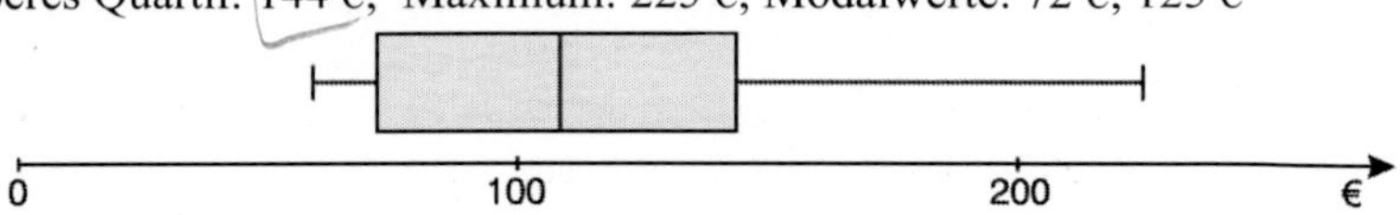

arithmetisches Mittel (= Mittelwert): 116 €
Spannweite: 166 €

160 Landkreis: Minimum: 59 €; unteres Quartil: 68 €; Median 77 €;
oberes Quartil: 90 €; Maximum: 139 €; Modus: 79 €

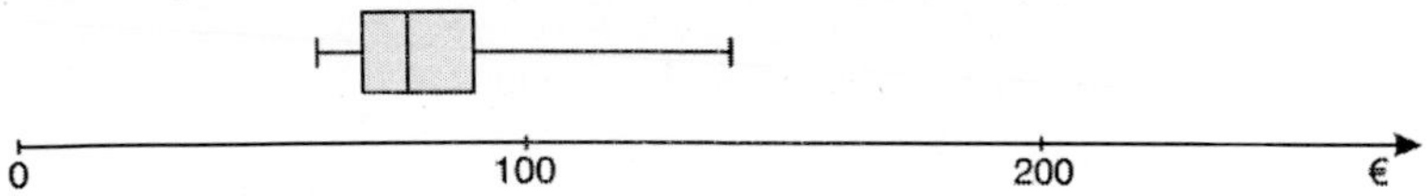

arithmetisches Mittel: 80,89 €; Spannweite: 80 €

allgemein: Eine repräsentative Stichprobe umfasst eine genügend große Anzahl von Daten. Die Befragten müssen so ausgewählt sein, dass die Ergebnisse auf die Grundgesamtheit übertragen werden können.
Der Median ist unempfindlicher gegen „Ausreißer“ als das arithmetische Mittel und daher oft aussagekräftiger.

2. a) Die Darstellung von prozentualen Anteilen ist anschaulicher und verdeutlicht besser die jeweiligen Unterschiede.

b)

stabile Partnerschaft

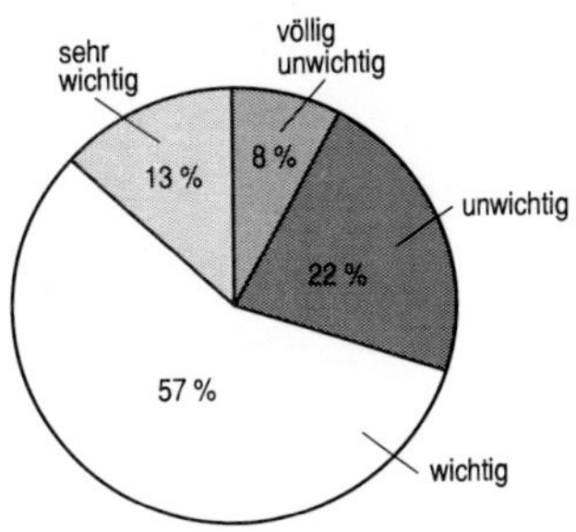

sicherer Arbeitsplatz

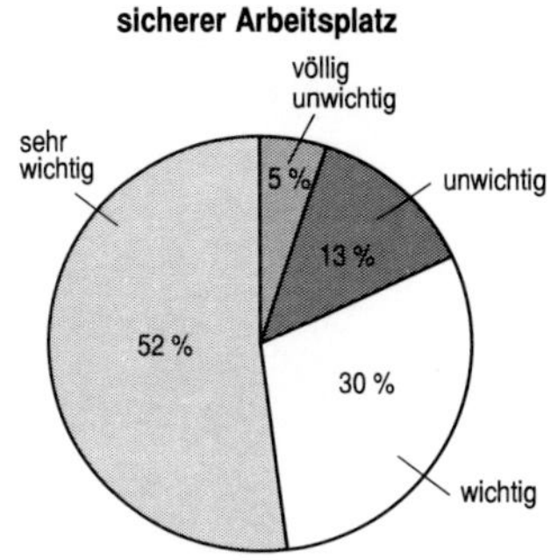

hoher Lebensstandard

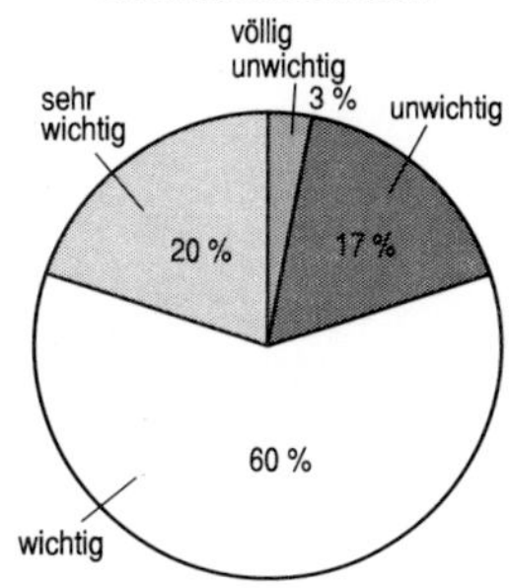

eigene Kinder

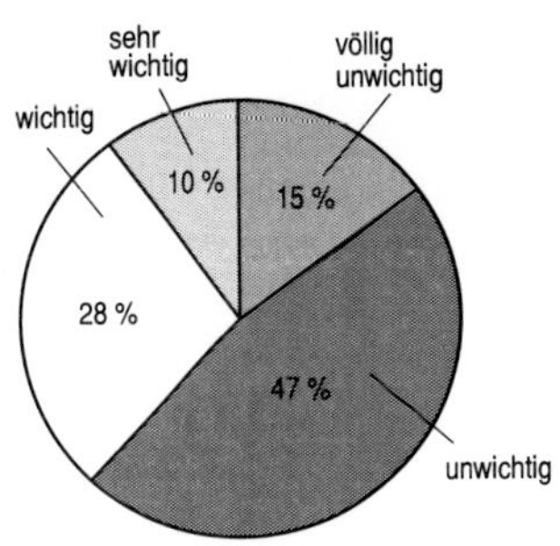

Unabhängigkeit

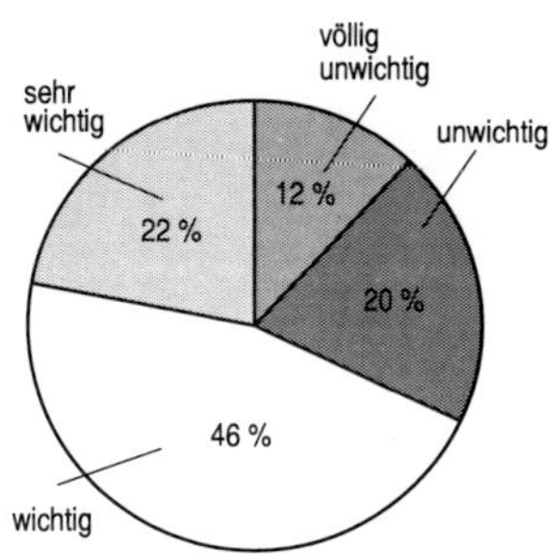

c) –

3. a) Gesamtbetrag 7 200 € (12 · Mittelwert)
b) z. B. 7 · 450 € und 5 · 810 €,
oder: 250 €, 250 €, 300 €, 350 €, 350 €, 400 €, 500 €, 650 €, 900 €, 950 €, 1 050 €, 1 250 €
c) Mittelwert > Median: Es gibt wenige Monate mit sehr hohen Beträgen, mehr Monate mit geringen Beträgen.
Mittelwert < Median: Es gibt wenige Monate mit sehr niedrigen Beträgen, mehr Monate mit höheren Beträgen.

160

4. a) Spannweite: 70 Punkte; Mittelwert: 52,4 Punkte; Median: 53 Punkte
b) Der Median (= 53) bleibt unverändert, wenn ein Ergebnis, das kleiner als 53 war, zwar besser wurde, aber nicht größer als 53 oder wenn ein Ergebnis, das bereits größer als 53 war, besser wurde.
Wenn ein Ergebnis, das jetzt kleiner oder gleich 53 ist, nun 54 oder mehr Punkte hat, erhöht sich der Median der neuen Datenreihe auf 53,5.
Der Mittelwert wird größer als der Median 53 (bzw. größer als 53,5), wenn sich ein Testergebnis um mindestens 42 (bzw. um mindestens 77) Punkte erhöht.
In allen anderen Fällen bleibt der neue Mittelwert kleiner als der Median.
c) unteres Quartil: 42 Punkte; oberes Quartil: 63 Punkte

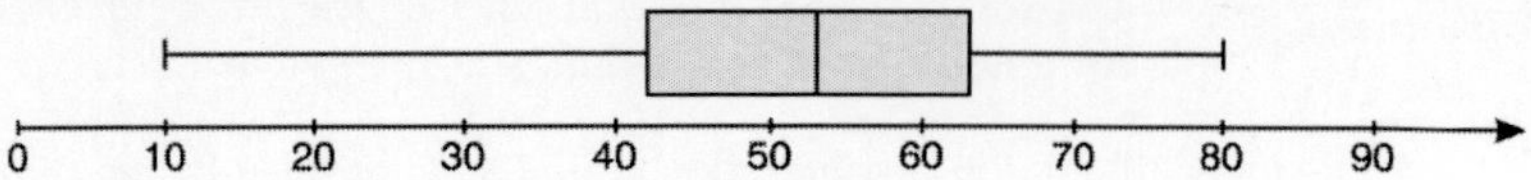

161

5. a) Gesamt: Spannweite 405, Mittelwert 102,15 , Median 79
b) Die beiden Ergebnisse sind ungefähr gleich:
Schule 1: Spannweite 405, Mittelwert 104,6 , Median 79,5
Schule 2: Spannweite 323, Mittelwert 99,7 , Median 78
Der Unterschied in der Spannweite wird nur durch einen Ausreißer (357 bei Schule 2) bewirkt.

6. a)

	Mittelwert	Spannweite	unteres Quartil	Median	oberes Quartil
Gruppe 1	–	9	3	5,5	7
Gruppe 2	–	9	4	6	8

Die arithmetischen Mittelwerte kann man nicht ablesen, dazu benötigt man die einzelnen Daten.
Vergleich beider Gruppen: Gruppe 2 hat besser abgeschnitten: $\frac{3}{4}$ aller Testergebnisse liegen über 4 Punkten, bei Gruppe 1 liegen $\frac{3}{4}$ der Testergebnisse über 3 Punkten. Allerdings gibt es in Gruppe 2 auch Testergebnisse mit 0 Punkten, was in Gruppe 1 nicht der Fall ist. Das beste Testergebnis hat Gruppe 1.
b) Nein, Boxplots geben lediglich Aussagen über die Verteilung von Datenmengen wieder, nicht über die Daten selbst.
c) Beispiele:
Gruppe 1: 1 1 3 3 5 5 6 6 7 7 9 10
Gruppe 2: 0 1 4 4 5 5 7 8 8 8 8 9

7. a) In beiden Landesteilen gibt es Menschen mit keinem Einkommen, die unteren Linien würden also stets bis 0 reichen. Einzelne sehr reiche Menschen würden die Linien nach oben so stark verlängern, dass der aussagekräftige Bereich so klein würde, dass er nicht mehr ablesbar wäre.
b) (Es handelt sich bei den Daten um das Nettoäquivalenzeinkommen. Es können keine Schlüsse gezogen werden auf die mittleren Löhne oder Gehälter.)
In Westdeutschland sind die Haushaltseinkommen konstant geblieben oder nur leicht gestiegen, in Ostdeutschland sind sie stärker gestiegen, haben das „Westniveau“ aber noch nicht erreicht.

Wissen – Anwenden – Vernetzen

62/163 **1. Bermuda-Dreieck**

a)

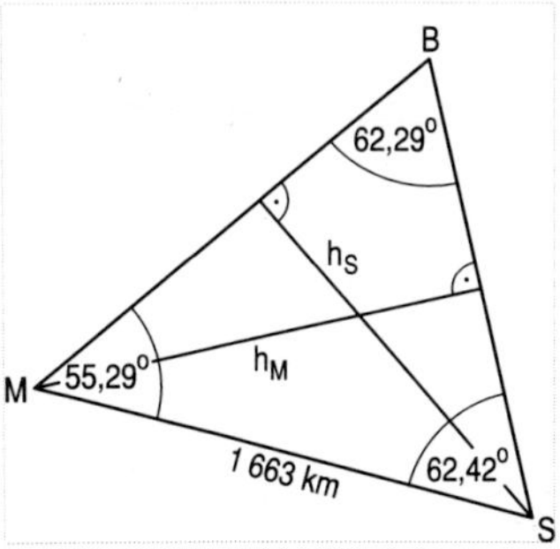

aus den verschiedenen rechtwinkligen Teildreiecken lassen sich berechnen:
$h_M = 1\,663\text{ km} \cdot \sin 62{,}42° = 1\,474{,}025\text{ km}$
$h_s = 1\,663\text{ km} \cdot \sin 55{,}29° = 1\,367{,}060\text{ km}$
SB aus $h_s = SB \cdot \sin 62{,}29°$, $SB = 1\,544{,}155\text{ km}$
Flächeninhalt $A = \frac{1}{2} \cdot SB \cdot h_M = 1\,138\,062{,}029\text{ km}^2$

b) – die Flugzeuge fliegen etwa um 20:42 Uhr aneinander vorbei; ca. 950 km von Miami entfernt.

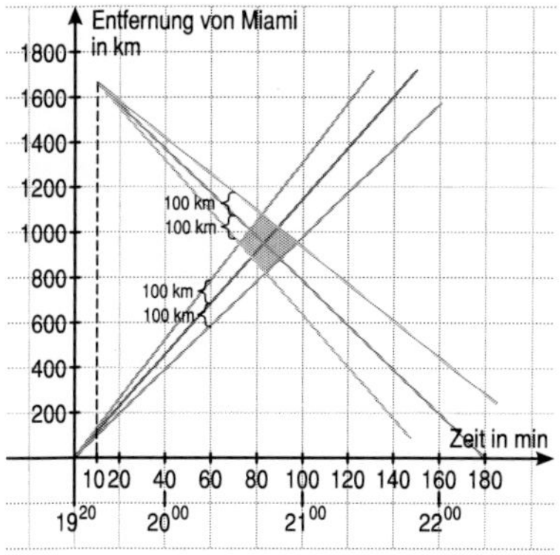

Im schraffierten Bereich muss mit dem Vorbeifliegen gerechnet werden; d. h. zwischen 20:33 Uhr und 20:58 Uhr, zwischen 800 km und 1 060 km von Miami entfernt.

c) Geschwindigkeit: 830 km in 60 min;
Fliegen die Jets in derselben Richtung, so müssen sie eine Entfernung von 830:6 km = 138,3 km voneinander haben (entspricht zurückgelegtem Weg in 10 min)
Fliegen die Jets entgegengesetzt, müssen sie die doppelte Entfernung von einander haben, also 276,6 km.

d) – Luftdruck fällt pro 1 000 Höhenmeter um 11,3 %; Prozentfaktor ist 1 – 0,113 = 0,887. damit:
$P\,(1\,000\text{ m}) = 1\,013 \cdot 0{,}887\text{ hPa}$
$P\,(2\,000\text{ m}) = 1\,013 \cdot (0{,}887)^2\text{ hPa}$
$P\,(12\,000\text{ m}) = 1\,013 \cdot (0{,}887)^{12}\text{ hPa} = 240{,}27\text{ hPa}$

162/163

- Gleichung: $270{,}94 = 1\,013 \cdot (0{,}887)^x$;
  $(0{,}887)^x = 0{,}267463$; durch Probieren: $x \approx 11$.
  Der Jet befindet sich in ca. 11 000 m Höhe.
- um 20:30 Uhr ist Jet 1 802,828 km von Miami entfernt, Jet 2 1076,059 km; sie sind also in waagrechter Entfernung 273,231 km voneinander entfernt (berechnet mit der mittleren Geschwindigkeit aus Grafik zu b); die Höhendifferenz beträgt 1 km (= 1000 m).

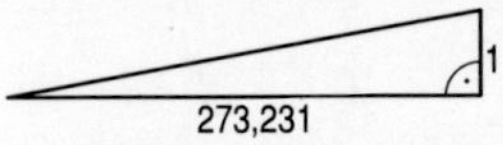

Die Entfernung der Flugzeuge beträgt (Pythagoras)
d = 273,233 km.

2. Medikament

a) Die Konzentration nimmt pro Stunde um 10 % ab, d. h. sie sinkt auf 90 %.

b) Prozentfaktor ist 0,9; Startwert 10; Gleichung (3) $y = 10 \cdot 0{,}9^x$ beschreibt den Abbau der Konzentration im Blut.

c)

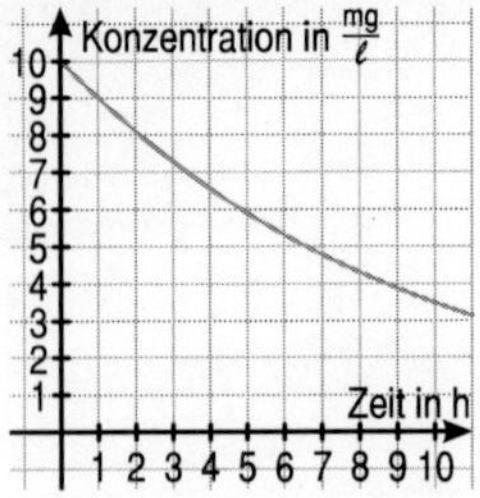

d) aus Grafik ablesen: für x = 8: $y > 4\ \frac{mg}{l}$; für x = 9: $y < 4\ \frac{mg}{l}$.

Damit die Konzentration nicht unter $4\ \frac{mg}{l}$ sinkt, sollte das Medikament nach 8 Stunden wieder eingenommen werden. Die Konzentration im Blut steigt dann (bei gleicher Dosis) auf Restbestand + $10\ \frac{mg}{l} \approx 14\ \frac{mg}{l}$.

e) Zwischen den Einnahmen des Medikaments wird die Konzentration im Blut exponentiell abgebaut. Bei der erneuten Einnahme erhöht sich die Konzentration auf einen neuen Startwert (Sprung im Graph).
Wird das Medikament z. B. immer nach 8 Stunden eingenommen, ergeben sich folgende Werte:

	Konzentration	Jeweils nach 8 Stunden
1. Einnahme	$10\ \frac{mg}{l}$	$4{,}3\ \frac{mg}{l}$
2. Einnahme	$14{,}3\ \frac{mg}{l}$	$6{,}16\ \frac{mg}{l}$
3. Einnahme	$16{,}16\ \frac{mg}{l}$	$6{,}95\ \frac{mg}{l}$
4. Einnahme	$16{,}95\ \frac{mg}{l}$	$7{,}29\ \frac{mg}{l}$
5. Einnahme	$17{,}29\ \frac{mg}{l}$	$7{,}45\ \frac{mg}{l}$

Graph C beschreibt den Sachverhalt.

62/163 **3. Terrasse**

- Gesamthöhe für 8 Stufen: 144 cm; Gesamtbreite für 8 Stufen: 216 cm;
  Für eine Stufe: Höhe h = 18 cm, Trittbreite b = 27 cm
- $2 \cdot 18 + 27 = 63$; die Schrittmaßregel wird eingehalten.
- Neigung: $\frac{144}{216} = \frac{2}{3} = 66{,}7\ \%$

  Neigungswinkel α: aus $\tan\alpha = \frac{2}{3}$; $\alpha = 33{,}69°$
- Stufenhöhe h = 16 cm → 9 Stufen nötig für Gesamthöhe 144 cm.
  Bei gleicher Gesamtbreite wäre die Trittbreite einer Stufe dann 216 cm : 9 = 24 cm.
  $2 \cdot 16 + 24 = 56 \neq 63$, die Schrittmaßregel wird nicht eingehalten.
  Bei einer Stufenhöhe von 16 cm müsste nach der Schrittmaßregel die Trittbreite b = 31 cm sein; die Treppe würde dann eine Tiefe von $9 \cdot 31$ cm = 2,79 m benötigen.

  b) $V_{Halbkugel} = \frac{2}{3} \cdot \pi \cdot 10^3\ cm^3 = 2\,094{,}395\ cm^3 = 2{,}094\ l$

  $V_{Kegel} = \frac{1}{3} \cdot \pi \cdot r^2 h = 2\,094\ cm^3$, $\rightarrow r^2 = 100\ cm^2$, r = 10 cm, d = 20 cm.

  Der Innendurchmesser am oberen Rand der kegelförmigen Schale ist ebenfalls 20 cm.

Bleib FIT!

164

1. a) 3 L b) 12,6 E c) 36 I
2. a) 85 B b) 2,28 N c) 2,75 I d) 211 Z e) 76,5 M
3. a) 23 A b) 24 R c) 25 C d) 20 O
4. a) 30 P; 22 O b) 5,5 L; 19 O c) 4,5 C; 19,4 O d) 12 O; 144 K
5. a) 785 C; 471 O b) 6 R; 251 T
6. 5104,17 E
7. 55 Z

Lösung: Leibniz, Marco Polo, Cook, Cortez

Mehrstufige Zufallsversuche

165

1. „Summe 10“ ist möglich bei drei Ergebnissen: 1. Wurf 4, 2. Wurf 6; 1. Wurf 5, 2. Wurf 5; 1. Wurf 6, 2. Wurf 4. Die Wahrscheinlichkeit dafür ist
   $\frac{1}{6} \cdot \frac{1}{6} + \frac{1}{6} \cdot \frac{1}{6} + \frac{1}{6} \cdot \frac{1}{6} = \frac{3}{36} = \frac{1}{12}$
2. a) Clara, sie gewinnt mit einer Wahrscheinlichkeit von $\frac{21}{36}$, Serkan nur mit einer Wahrscheinlichkeit von $\frac{15}{36}$.

   b) $p = \frac{20}{108}$ (Ergebnisse (3, 6, 6), (4, 5, 6), (4, 6, 5), (4, 6, 6), (5, 4, 6), (5, 5, 5), (5, 5, 6), (5, 6, 4), (5, 6, 5), (5, 6, 6), (6, 3, 6), (6, 4, 5), (6, 4, 6), (6, 5, 4), (6, 5, 5), (6, 5, 6), (6, 6, 3), (6, 6, 4), (6, 6, 5), (6, 6, 6))

165 3. p(zweimal gleiche Farbe) = p (rot, rot) + p (grün, grün);
Ziehen mit Zurücklegen:
p (zweimal gleiche Farbe) $= \frac{6}{10} \cdot \frac{6}{10} + \frac{4}{10} \cdot \frac{4}{10} = \frac{52}{100} = 0{,}52$;
Ziehen ohne Zurücklegen:
p(zweimal gleiche Farbe) $= \frac{6}{10} \cdot \frac{5}{9} + \frac{4}{10} \cdot \frac{3}{9} = \frac{42}{90} = 0{,}4666$.

4. p (zwei verschiedenfarbige Kugeln) = p (rot, grün) + p (grün, rot)
Ziehen ohne Zurücklegen:
p (zwei verschieden farbige) $= \frac{6}{10} \cdot \frac{4}{10} + \frac{4}{10} \cdot \frac{6}{10} = \frac{48}{100} = 0{,}48$
(Komplementärereignis zu p (zweimal gleiche Farbe));
Ziehen mit Zurücklegen:
p (zwei verschieden farbige) $= \frac{6}{10} \cdot \frac{4}{9} + \frac{4}{10} \cdot \frac{6}{9} = \frac{48}{90} = 0{,}5333$;
Beim Ziehen mit Zurücklegen hat Hannah bessere Chancen.

5. dreimal Ziehen; p (mehr grüne als rote Kugeln) = p (rot, grün, grün) + p (grün, rot, grün) + p (grün, grün, rot) + p (grün, grün, grün)
a) ohne Zurücklegen:
$p = \frac{6}{10} \cdot \frac{4}{10} \cdot \frac{4}{10} + \frac{4}{10} \cdot \frac{6}{10} \cdot \frac{4}{10} + \frac{4}{10} \cdot \frac{4}{10} \cdot \frac{6}{10} + \frac{4}{10} \cdot \frac{4}{10} \cdot \frac{4}{10} = \frac{352}{1000} = 0{,}352$
b) mit Zurücklegen:
$p = \frac{6}{10} \cdot \frac{4}{9} \cdot \frac{3}{8} + \frac{4}{10} \cdot \frac{6}{9} \cdot \frac{3}{8} + \frac{4}{10} \cdot \frac{3}{9} \cdot \frac{6}{8} + \frac{4}{10} \cdot \frac{3}{9} \cdot \frac{2}{8} = \frac{240}{720} = 0{,}333$

6. Nein, Paula hat eine Gewinnchance von $\frac{19}{36}$, Jonah hat nur eine Gewinnchance von $\frac{17}{36}$.

7. a) einmaliger Münzwurf: $p(W) = \frac{1}{2}$; $p(Z) = \frac{1}{2}$.
Zweimaliger Münzwurf: p (immer dieselbe Seite) =
$p(W, W) + p(Z, Z) = \frac{1}{2} \cdot \frac{1}{2} + \frac{1}{2} \cdot \frac{1}{2} = \frac{1}{2}$;
p (nicht immer dieselbe Seite) $= p(W, Z) + p(Z, W) = \frac{1}{2} \cdot \frac{1}{2} + \frac{1}{2} \cdot \frac{1}{2} = \frac{1}{2}$;
(oder: p (nicht immer dieselbe Seite) = 1 – p (immer dieselbe Seite))
Beide Ergebnisse haben die Wahrscheinlichkeit $\frac{1}{2}$.
b) dreifacher Münzwurf:
p (immer dieselbe Seite) = p (W, W, W) + p (Z, Z, Z) =
$\frac{1}{2} \cdot \frac{1}{2} \cdot \frac{1}{2} + \frac{1}{2} \cdot \frac{1}{2} \cdot \frac{1}{2} = \frac{1}{4}$,
p (nicht immer dieselbe Seite) = 1 – p (immer dieselbe Seite) $= \frac{3}{4}$.

8. viermaliger Münzwurf: p (mindestens einmal W) = 1 – p (keinmal W) =
$1 - p(\text{4-mal } Z) = 1 - \frac{1}{2} \cdot \frac{1}{2} \cdot \frac{1}{2} \cdot \frac{1}{2} = \frac{15}{16}$.
Moni liegt falsch, mit Wahrscheinlichkeit $\frac{1}{16}$ hat sie viermal Zahl.

9. a) $p = \frac{3}{95} \left(= \frac{4}{20} \cdot \frac{3}{19}\right)$ b) $p = \frac{32}{95} \left(= \frac{16}{20} \cdot \frac{4}{19} + \frac{4}{20} \cdot \frac{16}{19}\right)$ c) $p = \frac{12}{19} \left(= \frac{16}{20} \cdot \frac{15}{19}\right)$

165 10. a) $p = \frac{4}{15}\left(= \frac{4}{10}\cdot\frac{3}{9} + \frac{3}{10}\cdot\frac{2}{9} + \frac{3}{10}\cdot\frac{2}{9}\right)$ b) $p = \frac{4}{10}$

c) $p = \frac{2}{5}\left(= \frac{4}{10}\cdot\frac{3}{9} + \frac{3}{10}\cdot\frac{4}{9} + \frac{3}{10}\cdot\frac{4}{9}\right)$ d) $p = \frac{1}{3}\left(= \frac{3}{10}\cdot\frac{5}{9} + \frac{3}{10}\cdot\frac{5}{9}\right)$

e) (a) $p = \frac{17}{50}\left(= \frac{4}{10}\cdot\frac{4}{10} + 2\cdot\frac{3}{10}\cdot\frac{3}{10}\right)$ (b) $p = \frac{4}{10}$

(c) $p = \frac{2}{5}\left(= \frac{4}{10}\cdot\frac{4}{10} + \frac{3}{10}\cdot\frac{4}{10} + \frac{3}{10}\cdot\frac{4}{10}\right)$ (d) $p = \frac{9}{25}\left(= 2\cdot\frac{3}{10}\cdot\frac{6}{10}\right)$

11. $p = \frac{12}{90}$ (Lösung über Baumdiagramm oder mit der Überlegung: p (die beiden letzten Kugeln sind blau) = p (die beiden ersten Kugeln sind blau) (symmetrisches Problem); $p = \frac{4}{10}\cdot\frac{3}{9} = \frac{12}{90}$)

166 Fehler in 1. Druck, Aufgabennummern richtig ab 12. Hier in Klammern die Nummerierung im 1. Druck

12. (13.) a) $p = \frac{15}{36}$ b) $p = \frac{10}{36}$

13. (14.) a) $p = \frac{55}{216}$ b) $p = \frac{20}{216}$

14. (15.) a) $p = \frac{9}{10}$ $\left(= \frac{10}{10}\cdot\frac{9}{10}\right)$ b) $p = \frac{72}{100}$ $\left(= \frac{10}{10}\cdot\frac{9}{10}\cdot\frac{8}{10}\right)$

c) p = 0 (bei 11-maligem Drehen ist mindestens eine der 10 Ziffern doppelt vorhanden)

15. (16.) Münzwürfe sind unabhängig voneinander. Die Wahrscheinlichkeit für Wappen ist beim dritten Wurf wie bei jedem anderen Wurf $p(W) = \frac{1}{2}$.

16. (17.) Gegenereignis: p (keine sechs);
p (mindestens eine sechs) = 1 – p (keine sechs).
Wahrscheinlichkeiten bei n-mal würfeln:

	1-mal würfeln	2-mal würfeln	3-mal würfeln	4-mal würfeln	5-mal würfeln
p (keine sechs)	$\frac{5}{6}$	$\frac{5}{6}\cdot\frac{5}{6} = \frac{25}{36}$	$\frac{5}{6}\cdot\frac{5}{6}\cdot\frac{5}{6} = \frac{125}{216}$	$\frac{5}{6}\cdot\frac{5}{6}\cdot\frac{5}{6}\cdot\frac{5}{6} = \frac{625}{1\,296}$	$\frac{5}{6}\cdot\frac{5}{6}\cdot\frac{5}{6}\cdot\frac{5}{6}\cdot\frac{5}{6} = \frac{3125}{7\,776}$
p (mindestens eine sechs)	$\frac{1}{6}$ < 50 %	$1 - \frac{25}{36} = \frac{11}{36}$ < 50 %	$\frac{91}{216}$ < 50 %	$\frac{671}{1\,296}$ > 50 %	$\frac{4\,651}{7\,776}$ > 50 %

Ab 4-maligem Würfeln ist die Wahrscheinlichkeit für „mindestens eine Sechs“ größer als 50 %.

17. (18.) p (mindestens einmal W) = 1 – p (keinmal W) = 1 – p (nur Z)
Wahrscheinlichkeiten bei n-maligem Münzwurf:

	1-mal	2-mal	3-mal	4-mal	5-mal
p (nur Z)	$\frac{1}{2}$	$\frac{1}{2}\cdot\frac{1}{2} = \frac{1}{4}$	$\frac{1}{2}\cdot\frac{1}{2}\cdot\frac{1}{2} = \frac{1}{8}$	$\frac{1}{2}\cdot\frac{1}{2}\cdot\frac{1}{2}\cdot\frac{1}{2} = \frac{1}{16}$	$\frac{1}{2}\cdot\frac{1}{2}\cdot\frac{1}{2}\cdot\frac{1}{2}\cdot\frac{1}{2} = \frac{1}{32}$
p (mindestens einmal W)	$\frac{1}{2}$	$\frac{3}{4}$ < 90 %	$\frac{7}{8}$ = 87,5 %	$\frac{15}{16}$ = 93,75 % > 90 %	$\frac{31}{32}$ = 96,875 %

Ab 4-maligem Münzwurf ist die Wahrscheinlichkeit für „mindestens einmal Wappen“ größer als 90 %.

166 18. (19.) Die Reihenfolge ist nicht wichtig. p (Gewinn im ersten Zug) = $\frac{1}{10}$;

p (Gewinn im 2. Zug) = $\frac{9}{10} \cdot \frac{1}{9} = \frac{1}{10}$

19. (20.) Die Reihenfolge ist gleichgültig. Die Gewinnwahrscheinlichkeit bleibt stets $\frac{1}{10}\left(= \frac{9}{10} \cdot \frac{1}{9} = \frac{9}{10} \cdot \frac{8}{9} \cdot \frac{1}{8} = \frac{9}{10} \cdot \frac{8}{9} \cdot \frac{7}{8} \cdot \frac{1}{7} = \ldots\right)$.

20. a) $p = \frac{1}{8}\left(= \frac{1}{2} \cdot \frac{1}{2} \cdot \frac{1}{2}\right)$ b) $p = \frac{7}{8}\left(= 1 - \frac{1}{8}\right)$ c) $p = \frac{3}{4}\left(= 1 - \frac{1}{8} - \frac{1}{8}\right)$

21. (22.) a) $p = \frac{5}{10} \cdot \frac{4}{9} = \frac{2}{9}$ b) $p = \frac{2}{10} \cdot \frac{1}{9} + \frac{3}{10} \cdot \frac{2}{9} = \frac{8}{90}$

c) $p = \frac{2}{10} \cdot \frac{3}{9} \cdot \frac{3}{8} \cdot \frac{2}{7} \cdot 24 = \frac{864}{5\,040} = \frac{6}{35} = 17{,}14\,\%$

(24 ist die Anzahl der verschiedenen Reihenfolgen, in denen die verschiedenen Kugeln gezogen werden können.)

22. (23.) a) $p = \frac{12}{25} \cdot \frac{11}{24} = \frac{132}{600} = 22\,\%$ b) $p = \frac{5}{25} \cdot \frac{7}{24} + \frac{7}{25} \cdot \frac{5}{24} = \frac{70}{600} = 11{,}7\,\%$

23. (24.) $p = 24 \cdot \frac{5}{25} \cdot \frac{7}{24} \cdot \frac{9}{23} \cdot \frac{4}{22} = \frac{30\,240}{303\,600} = 9{,}96\,\%$

Kombinieren

167 1. a) $3 \cdot 4 = 12$ Menüs

b) $3 \cdot 4 \cdot 2 = 24$ Menüs

Wenn es a Möglichkeiten für den 1. Platz, b Möglichkeiten für den 2. Platz und c Möglichkeiten für den 3. Platz gibt, dann gibt es $a \cdot b \cdot c$ Möglichkeiten, die drei Plätze zu besetzen.

c) $3 \cdot 4 \cdot 2 \cdot 3 = 72$ Menüs

2. a) 24 Möglichkeiten ($= 4 \cdot 3 \cdot 2 \cdot 1$)

b) (1) $3 \cdot 2 \cdot 1 = 6$ Möglichkeiten, (2) $5 \cdot 4 \cdot 3 \cdot 2 \cdot 1 = 120$ Möglichkeiten, (3) $7 \cdot 6 \cdot 5 \cdot 4 \cdot 3 \cdot 2 \cdot 1 = 5\,040$ Möglichkeiten

c) Um a Dinge in einer Reihe anzuordnen, gibt es $a \cdot (a-1) \cdot (a-2) \cdot \ldots \cdot 2 \cdot 1$ Möglichkeiten.

Kurzschreibweise: $a \cdot (a-1) \cdot (a-2) \cdot \ldots \cdot 3 \cdot 2 \cdot 1 = a!$, sprich: „a Fakultät“.

3. a) 2 730 Tipps ($= 15 \cdot 14 \cdot 13$)

b) Je 6 Tipps mit festgelegter Reihenfolge führen zu einem Tipp mit nicht festgelegter Reihenfolge; die Gewinnwahrscheinlichkeit ist hier $p = \frac{6}{2\,730} = \frac{1}{455}$

4. Auswählen „4 aus 10“ mit Reihenfolge: $10 \cdot 9 \cdot 8 \cdot 7 = 5\,040$ Möglichkeiten

Vertauschen von 4 Personen: $4 \cdot 3 \cdot 2 \cdot 1 = 24$ Möglichkeiten

Auswählen „4 aus 10“ ohne Reihenfolge: $\frac{10 \cdot 9 \cdot 8 \cdot 7}{4 \cdot 3 \cdot 2 \cdot 1} = 210$ Möglichkeiten

Beispiele:

Reihenfolge wichtig: Anzahl der vierstelligen Zahlen mit verschiedenen Ziffern;

Reihenfolge unwichtig: 4 von 10 Personen auslosen, die eine Freikarte bekommen.

Vermischte Aufgaben

168

1. a) $5 \cdot 4 \cdot 6 = 120$ Menüs b) $7 \cdot 4 \cdot 2 = 56$ Räder

2. a) geboren am 4 Januar 1809 in Coupvray bei Paris, gestorben 1852 in Paris
   b) $2^6 = 64$ Zeichen; bei 5 Punkten gäbe es nur 32 Möglichkeiten, dies reicht nicht für 26 Buchstaben und 10 Ziffern.

3. 38 760 Möglichkeiten für den kleinen Teller $\left(= \frac{20 \cdot 19 \cdot 18 \cdot 17 \cdot 16 \cdot 15}{6 \cdot 5 \cdot 4 \cdot 3 \cdot 2 \cdot 1}\right)$

   125 970 Möglichkeiten für den großen Teller $\left(= \frac{20 \cdot 19 \cdot 18 \cdot 17 \cdot 16 \cdot 15 \cdot 14 \cdot 13}{8 \cdot 7 \cdot 6 \cdot 5 \cdot 4 \cdot 3 \cdot 2 \cdot 1}\right)$

4. 1 365 Eisbecher $\left(= \frac{15 \cdot 14 \cdot 13 \cdot 12}{4 \cdot 3 \cdot 2 \cdot 1}\right)$

5. a) 560 $\left(= \frac{16 \cdot 15 \cdot 14}{3 \cdot 2 \cdot 1}\right)$ b) 53 130 $\left(= \frac{25 \cdot 24 \cdot 23 \cdot 22 \cdot 21}{5 \cdot 4 \cdot 3 \cdot 2 \cdot 1}\right)$

6. Personen: je 4-mal Bube, Dame, König, insg. 12 Karten; keine Personen: 20 Karten; p(keine Person) = $\frac{20}{32} = \frac{5}{8}$

7. a) 9 000 b) 4 536 Möglichkeiten $(9 \cdot 9 \cdot 8 \cdot 7)$
   c) letzte Ziffer „0“: 504 $(= 9 \cdot 8 \cdot 7)$ letzte Ziffer nicht „0“: 448 $(= 8 \cdot 8 \cdot 7)$

8. a) Hierbei ist die Reihenfolge wichtig, also 20 Kombinationen $(= 5 \cdot 4)$.
   b) Reihenfolge unwichtig, also $\frac{12 \cdot 11}{2} = 66$

9. Beim Vertauschen der 5 Vokale hat man insgesamt $5 \cdot 4 \cdot 3 \cdot 2 \cdot 1 = 120$ Möglichkeiten. Wenn (nur) die „richtige“ Verteilung in einem Text nicht erlaubt ist, sind es noch 119 Möglichkeiten. Wenn *jeder* Vokal immer durch einen anderen ersetzt werden soll, sind es nur 44 Möglichkeiten

10. a) 5 040 Möglichkeiten $(= 7 \cdot 6 \cdot 5 \cdot 4 \cdot 3 \cdot 2 \cdot 1)$
    b) 144 Möglichkeiten $(= 6 \cdot 24)$

11. 576 Möglichkeiten $(= 4 \cdot 3 \cdot 2 \cdot 1 \cdot 4 \cdot 3 \cdot 2 \cdot 1)$

169

12. a) $p(10) = \frac{1}{8}$ $(= p(10) \cdot p(W) \cdot p(W) = \frac{1}{2} \cdot \frac{1}{2} \cdot \frac{1}{2})$

    $p(20) = \frac{1}{4}$ $(= 1 \cdot p(20) \cdot p(W) = \frac{1}{2} \cdot \frac{1}{2} = \frac{1}{4}$; die Lage der 10-Cent-Münze ist egal.)

    $p(50) = \frac{1}{2}$ (die Lage der 10-Cent-Münze und der 20-Cent-Münze sind egal.)

    durchschnittlicher Gewinn: $\frac{1}{8} \cdot 10$ Ct $+ \frac{1}{4} \cdot 20$ Ct $+ \frac{1}{2} \cdot 50$ Ct = 32,25 Ct.

    Der durchschnittliche Gewinn ist weniger als der Einsatz, das Spiel lohnt sich für den Spieler nicht.

169

13. a) $p = \frac{1}{90\,000}$ (9 · 10 · 10 · 10 · 10 = 90 000 Möglichkeiten)

b) $p = \frac{1}{27\,216}$ (9 · 9 · 8 · 7 · 6 = 27 216 Möglichkeiten)

14. p (Sieg) = $\frac{1}{10}$, p (Platz) = $\frac{3}{10}$, p (Zweier-Wette) = $\frac{1}{10} \cdot \frac{1}{9} = \frac{1}{90}$,

p (Dreier-Wette) = $\frac{1}{10} \cdot \frac{1}{9} \cdot \frac{1}{8} = \frac{1}{720}$

15. p (beide verschieden) = $\frac{6}{6} \cdot \frac{5}{6} = \frac{30}{36} = \frac{5}{6}$

p (nicht verschieden) = 1 – p (beide verschieden) = $\frac{1}{6}$

16. (1) p (alle verschieden) = $\frac{6}{6} \cdot \frac{5}{6} \cdot \frac{4}{6} = \frac{5}{9}$

(2) p (nicht alle verschieden) = $1 - \frac{5}{9} = \frac{4}{9}$

(3) p (alle gleich) = $\frac{6}{6} \cdot \frac{1}{6} \cdot \frac{1}{6} = \frac{1}{36}$

17.

Anzahl Personen	p (alle verschieden)	p (nicht alle verschieden) = 1 – p (alle verschieden)
2	$\frac{364}{365}$ = 99,7 %	0,3 %
3	$\frac{364}{365} \cdot \frac{363}{365}$ = 99, 2%	0,8 %
4	$\frac{364}{365} \cdot \frac{363}{365} \cdot \frac{362}{365}$ = 98,4 %	1,6 %
5	97,3 %	2,7 %
6	96 %	4 %
7	94,4 %	5,6 %
8	92,6 %	7,4 %
9	90,5 %	9,5 %
10	88,3 %	11,7 %
11	85,9 %	14,1 %
12	83,3 %	16,7 %
13	80,6 %	19,4 %
14	77,7 %	22,3 %
15	74,7 %	25,3 %
16	71,6 %	28,4 %
17	68,5 %	31,5 %
18	65,3 %	34,7 %
19	62,1 %	37,9 %
20	58,9 %	41,1 %
21	55,6 %	44,4 %
22	53,4 %	46,6 %
23	49,3 %	50,7 %

Ab 23 Personen ist die Wahrscheinlichkeit, dass nicht alle unterschiedliche Geburtstage haben, mehr als 50 %.

169

18. Wahrscheinlichkeiten für Augensummen bei 2-maligem Würfeln:
$p(2) = \frac{1}{36}$; $p(3) = \frac{2}{36}$; $p(4) = \frac{3}{36}$; $p(5) = \frac{4}{36}$; $p(6) = \frac{5}{36}$; $p(7) = \frac{6}{36}$;
$p(8) = \frac{5}{36}$; $p(9) = \frac{4}{36}$; $p(10) = \frac{3}{36}$; $p(11) = \frac{2}{36}$; $p(12) = \frac{1}{36}$.

Privatzahl:	Durchschnittlicher Gewinn
2	$\frac{1}{36} \cdot 2 + \frac{2}{36} \cdot 1 = \frac{4}{36}$
3	$\frac{2}{36} \cdot 3 + \frac{1}{36} \cdot 2 + \frac{3}{36} \cdot 3 = \frac{17}{36}$
4	$\frac{3}{36} \cdot 4 + \frac{2}{36} \cdot 3 + \frac{4}{36} \cdot 3 = \frac{30}{36}$
5	$\frac{4}{36} \cdot 5 + \frac{3}{36} \cdot 4 + \frac{5}{36} \cdot 4 = \frac{52}{36}$
6	$\frac{5}{36} \cdot 6 + \frac{4}{36} \cdot 5 + \frac{6}{36} \cdot 5 = \frac{92}{36}$
7	$\frac{6}{36} \cdot 7 + \frac{5}{36} \cdot 6 + \frac{5}{36} \cdot 6 = \frac{102}{36}$
8	$\frac{5}{36} \cdot 8 + \frac{6}{36} \cdot 7 + \frac{4}{36} \cdot 7 = \frac{110}{36}$
9	$\frac{4}{36} \cdot 9 + \frac{5}{36} \cdot 8 + \frac{3}{36} \cdot 8 = \frac{100}{36}$
10	$\frac{3}{36} \cdot 10 + \frac{4}{36} \cdot 9 + \frac{2}{36} \cdot 9 = \frac{84}{36}$
11	$\frac{2}{36} \cdot 11 + \frac{3}{36} \cdot 10 + \frac{1}{36} \cdot 10 = \frac{62}{36}$
12	$\frac{1}{36} \cdot 12 + \frac{2}{36} \cdot 11 = \frac{34}{36}$

Die beste „Privatzahl“ ist 8 (durchschnittlicher Gewinn pro Runde ist $\frac{110}{36} = 3,055$), auch noch sehr gut sind 7 und 9 (durchschnittliche Gewinne pro Runde sind $\frac{102}{36} = 2,833$ und $\frac{100}{36} = 2,777$)

Lotto „6 aus 49“

170

1. a) 9,25 € b) 4,00 €
2. 49 „Lose“ mit den Nummern 1 bis 49, davon 6 blind ziehen.
   Für Zusatzzahl ein weiteres Los ziehen.
   Superzahl: 10 „Lose“ mit den Nummern 1 bis 10, davon eines ziehen.
3. Anno: Gewinnklasse IV; Bea: Gewinnklasse II; Cyrill: Gewinnklasse I;
   Dunja: Gewinnklasse VI; Elvis: Gewinnklasse III; Franzi: –

171

4. Alle Gewinne bis auf den höchsten waren ziemlich durchschnittlich, nur der höchste war mehr als doppelt so hoch. Weil er so selten ist, kann er vom Durchschnittswert erheblich abweichen.
5. Gesamthöhe: 45 698 049,40 €

Gewinnklasse	I	II	III	IV	V	VI	VII	VIII
Anteil in %	29,9	6,2	3,9	10,1	1,6	7,8	6,2	34,3

Durch den höheren Anteil in Gewinnklasse I sind fast alle anderen Prozentsätze niedriger als die in der Tabelle auf S. 170.

171 6. a) Es ist wie beim Würfeln: Die relativen Häufigkeiten gehen bei genügend großer Anzahl der Ziehungen gegen $\frac{1}{49}$. Die absoluten Häufigkeiten sind meist unterschiedlich (ausprobieren!).

b) Die Gewinnchancen sind gleich, die Gewinnbeträge werden aber vermutlich bei beiden geringer sein, da solche Tipps häufiger abgegeben werden.

7. Der Lottospieler kann langfristig nur mit ca. der Hälfte seines Einsatzes als Gewinn rechnen, oder anders formuliert: langfristig verliert er die Hälfte seines Einsatzes und die Gebühren.

8. a) p (6 Richtige ohne Superzahl) = $\frac{1}{13\,983\,816}$

b) p (6 Richtige mit Superzahl) = $\frac{1}{139\,838\,160}$

9. Weil jeden Mittwoch und jeden Samstag so viele Spiele abgegeben werden. Modellrechnung: p(6 Richtige) = 1/14 Mio. und p(6 Richtige mit SZ) = 1/140 Mio. Wenn 20 Mio. Spieler im Durchschnitt 7 Spiele abgeben, sind 10 bzw. 1 Gewinn in den beiden Klassen zu erwarten.
Diese hohe Anzahl von Spielen ist realistisch, am 3.3. war die ausgeschüttete Gewinnsumme etwa 46 Mio. €, die Hälfte der Einsätze von 92 Mio. €, geteilt durch den Einsatz von 0,75 € ergibt das etwa 120 Mio. Spiele.

Diagnose: Fit für die Abschlussprüfung?

174 – 187 Die Seiten mit Diagnose zum Basiswissen und zu komplexen Aufgaben dienen der Vorbereitung auf die Abschlussprüfung am Ende der 10. Klasse. Die Teile II eignen sich jeweils zur Vorbereitung auf einen mittleren Abschluss. Diese Vorbereitung darf nicht erst wenige Wochen vor dem Termin der schriftlichen Prüfung einsetzen; die besonderen Aufgabenformate und das Beherrschen und Verwenden gelernten Wissens über einen mehrjährigen Zeitraum verlangen kontinuierliches Training, das schon im 9. Schuljahr begonnen haben sollte.

(Die Lösungen zu diesen Seiten stehen im Schülerband.)